Ⓢ新潮新書

神門善久
GODO Yoshihisa

日本農業への
正しい絶望法

488

新潮社

まえがき

冷酷な事実を伝えよう。いまの日本農業は、形ばかりのハリボテ化に向かって一目散だ。よい農産物を作るという魂を失い、宣伝と演出で誤魔化すハリボテ農業になりつつある。それは既存農家か新規参入かを問わない。大規模農業か小規模農業かを問わない。有機栽培か慣行栽培（農薬や化学肥料を使った農業を慣行栽培という）かを問わない。農業者の老若男女を問わない。全面的なハリボテ化だ。

もともと日本には優れた耕作技能があった。おいしくて安全な作物を自然環境と調和しながら作る技能があった。ところがその技能がどんどん死滅しているのだ。

農業者の耕作技能への関心が薄らいでいる。なにせ、耕作技能を磨いてよい農産物をこしらえたとしても、消費者の舌が愚鈍化したため、よしあしがきちんと評価されない。

さらに、都市部でも農村部でも土地利用規制の骨抜きが進み、農業者は地力投資に専念できない。本人がどんなに農業に打ち込んでいても、周辺の農地が無計画に転用されれば、生活光などによって作物の生育障害は不可避だ。このような状況では、まじめに農業に打ち込む者ほど馬鹿をみる。これに追いうちをかけたのが、福島原発事故による放射能漏れだ。どんなに耕作技能を磨いても、放射能汚染には対抗できない。技能の高い農業者ほど失望が大きい。

その一方、当面の選挙に勝ちたい一心で、民主党と自民党が競って農業補助金のバラマキを構想する。さらには、ここ数年の「農業ブーム」のおかげで、有機栽培などのもっともらしい「能書き」を準備したり、農業者の顔写真を貼ったりすれば、粗悪な農産物でも高い値段がつくというおかしな風潮がある。このような状況では、農業者の関心が補助金の引っ張り出しや、人目をひく粉飾に向かうのもやむをえない。だが、そんなことをしていては、当面の金稼ぎにはなるかもしれないが、長期的には農業の実力を失うだけだ。

本来ならば、こういう日本農業の危機を伝えるのが、マスコミや学界の仕事だ。ところが、マスコミと学界は、その真逆で、消費者の舌の愚鈍化や農業の技能低下から目を逸らした空論を煽っている。たとえば次のような具合だ。

「日本の農産物は世界一安全でおいしくて、他国の追随をゆるさない。だから、農業には大きなビジネスチャンスがある。いまの日本農業は低収入にあえいでいるが、それは政府やＪＡ（農協）等、既得権を持った連中が、旧態依然とした方法で規制をしているからだ。しかしこれから規制を緩和して、企業の参入を促し営農規模を拡大し、さらには農産物の加工・流通業との連携を進めて『攻めの農業』をすれば、未来は明るい。農業こそがこれからの成長産業なのだ」

いかにもビジネス誌や報道番組で「識者」が語りそうな内容だ。わかりやすくて、論理も明快だ。官僚やＪＡを悪者に仕立てて、「桃太郎の鬼退治」のような爽快感もある。「改革派」を名乗る人が好む楽観論だ。

楽観論を述べたほうが事態が好転するのならば、それでもいい。しかし、願望と現実とは異なる。農業に関してはこの種の空論が幅を利かせ、結果として危機をさらに深刻化させている。

「改革派」とは対照的に、日本農業の現状をやたらと正当化する意見もある。「保護派」と言われる人たちに多い論調で、たとえば次のような具合だ。

「世知辛いこの世の中にあって、いまの農家は必死に食料供給や環境保全のために働いている。農業がもうからないのは、農家が悪いのではなくて、日本の気候や地形では仕方がないことだ。食料安全保障や国土保全のために既存農家のがんばりを応援するべきであって、補助金や輸入制限は当たり前だ」

いかにも農業団体や農業農村に美しい空想を描く人たちにウケそうな内容だ。こういうノスタルジーに耽《ふけ》るのはさぞかし心地よかろう。

「改革派」であれ、「保護派」であれ、日本農業の応援団を自称する。両者は農産物貿易自由化の是非などでしばしば対立するかのように見えるが、それは見せかけにすぎない。両者とも日本農業のハリボテ化という厳しい現実から逃避し、空論を交わすことで馴れ合いの猿芝居を演じているのだ。

「改革派」と「保護派」とが繰り広げる猿芝居を止めに入ろうとすれば、両陣営から憎悪の目が向けられ、四面楚歌も覚悟しなければならない。私は、四面楚歌を受け容れるつもりだ。本書は日本農業の本当の問題はどこにあるのかを明らかにしたうえで、どのような方策が残されているのかを検討する。現状も未来も決して甘いものではない。しかし、ここから始めなければ何も好転しない。

四面楚歌の中、「虞や、虞や、汝を如何せん」と愛人の名を呼び続けながら死んだ猛将・項羽を私が気取るつもりはない。もう遅すぎるかもしれない、という気持ちもある。だとすれば、本書の挑戦は、単なる犬死で終わるかもしれない。それでもなお真実を伝えるのが研究者としての私の責務だ。

私の周囲には、「改革派」や「保護派」の人たちも多い。この本を書くことで、これまで、私に味方してくれていた人たちが少なからず去っていくかもしれない。批判ではなくシカトが私の前途に待ち受けているかもしれない。私はそういう状況を好いているわけではない。しかし、私の意思ではなく、真実が私の手を操る。私の選択の問題ではなく、いわばこれが私の人生なのだ。

日本農業への正しい絶望法——目次

第1章　日本農業の虚構

1　二人の名人の死

二〇一一年の秋、世間の耳目を集めることもなく、二人の農業名人が相次いでひっそりと逝去した。ひとりは、三浦政一《せいいち》、山形県東村山郡山辺《やまのべ》町在住、一九二〇年一月三十一日生まれで、二〇一一年九月十九日に享年九十一歳で逝去した。その翌月の十月二十一日、もうひとりの名人が逝去した。川上清文、広島県神石《じんせき》郡神石高原町在住、一九二四年一月一日生まれ、享年八十七歳だ。「東の三浦、西の川上」と称された巨星が示し合わせたようにほぼ同時にこの世を去った。

三浦・川上のコメ作りは「神業」だった。反収《たんしゅう》十三俵、食味値九十五点という高収量・高品質を安定的にたたき出す。一般には十俵取れれば多収、八十点を超えれば高品質といわれるから、彼らのコメ作りは、ほぼ、上限値だ。高収量と高品質を両立させるのは容易なことではない。各地においしいコメを作る農家は散在するが、そのほとんどは収量をある程度犠牲にして食味を高めている。後述のように、私の家に驚異的な高品質の農産物を送ってくる名人農家たちがいるが、彼らでさえ、三浦・川上のコメ作りには到底及ばないと脱帽する。

高収量と高品質だけでも驚異的だが、三浦・川上の凄さはそれにとどまらない。昆虫の飛び方、草花の伸び方、風の吹き方、自然の状況を観察し、数カ月先まで気象を予報した。台風の襲来数とか、夏の温度がどれくらいになりそうだとか、コメの作付け前に予報した。さらに、ほかの人が育てた稲の葉っぱを見て、触って、その田圃でどういうことがあったか、それに対して農業者がどういう対応をしたかを言い当てた。どうやら葉っぱの色合いや葉脈の走り具合から探っているようだが、三浦・川上以外では、真似ができない。

二人とも、ここ数年は病床にあり、野良に出ることはなかった。三浦・川上から断片的に教わった農業者はいるが、その技能を受け継ぐ者はいなかった。したがって、彼らの技能がこの世から消えていくのは時間の問題でもあった。もっと早く、手は打てなかったのか……。訃報は憂国の者には、格別悲しいニュースとなった。

三浦・川上がどうやって技能を磨いたのか、いまとなっては謎だ。ただ、二人が決して昔ながらの伝統的な農家ではないことは確かだ。自然科学であれ社会科学であれ、一般知識の豊富さは常人を超えていた。どこで勉強したのかは不明だが、並大抵ではない勉強を重ねたことは間違いない。

それだけの知識をもっていながら、知識に頼らないのが三浦・川上の凄さだ。技能のない農業者は、分析に頼る。梅の花が下を向いている年は雨が多いとか、蟷螂《かまきり》の巣の十センチ下まで雪が積もるとか、そういう類の分析だ。ところが、三浦・川上は、まず、農地総体が発するメッセージを聞いて、それを確認するために分析を行う。

この過程は、小学校の先生になぞらえることができる。へぼな先生は、チェックリスト作りに熱心になる。宿題の提出頻度だの、爪の長さだの、試験の点数だの、そういうチェックリストだ。いったんチェックリストを作成すると、それをつけることが目的化してしまい、子供自体を見ない。

他方、よい先生は、まず子供が総体として発するメッセージを嗅ぎ取る。子供を見た瞬間に、「この子の家庭で何か悪いことが起きたのではないか」という直感がまず湧く。そして、なぜ、自分はそういう感触を抱いたのかを確かめるために、チェックリストを参照材料として使う。

ちょうど、よい先生になるための方策には定型がなく、長年の独自の勉強・師事・経験が必要なのと同じだ。農業であれ、何であれ、修業に定型の過程なぞない。また、三浦・川上には、本書で名前を明かすことはできないが、遠隔地に師と仰ぐすぐれた指導者がいた。三浦・川上は単に科学の知識を身につけるだけではなく、その指導者のチェックを折にふれて得ながら、独自の試行錯誤を繰り返した。

科学知識といい、遠隔地の指導者といい、こういうことができるようになったのは、戦後の教育機会の普及と交通通信の発達の所産だ。つまり、二人は、戦後に形成された新たなタイプの名人だ。せっかくそういう名人が生まれたのに、彼らがひっそりとマスコミや「識者」から注目されることなくこの世を去ったのは実に口惜しい。

そもそも、いまの日本社会は、耕作技能に対する意識が低い。マスコミで農業問題を論じている「識者」たちのほとんどは、耕作技能については素人同然だ。それでも「識者」として農業問題を論じているのだから奇異な話だ。

マスコミや「識者」は気づいていない（あるいは気づいていても報道しない）が、耕作技能の低下こそが日本農業の最大の危機だ。技能を伴っていなくても、品質や環境への負荷を気にしなければ、食用の動植物を育てることはできる。また、補助金をばらまけば農業生産は必ず増える。味覚が鈍感な消費者に対してならば、少々品質の悪い農産物でも宣伝や演出次第でごまかせる。しかし、そんな農業は嵩《かさ》ばかり膨張して中身のないハリボテ農業だ。ハリボテ化したままで農業生産が増えたところで、かえって国民経済の不利益だし、環境破壊を招きかねない。

実際、OECDの推計によると日本の農業保護額は四・六兆円で日本農業の付加価値額の三・〇兆円を上回っている。計算上は農業生産をゼロにした方が国民所得は増えるという異常事態だ。

技能の低下は、農産物の栄養価の低下にも表れる。技能がなければ、農薬依存か「名ばかり有機栽培」に陥るが、どちらのケースでも農作物が健康に育たず、その結果、栄養価も下がる。日本の野菜の栄養価の低下は危機的だ。たとえば、ホウレン草のビタミンC含有量は過去二十年で半減している（新留勝行著『野菜が壊れる』〔集英社、二〇〇八年〕が詳しい）。

技能低下が端的に表れるのが堆肥づくりの劣化だ。耕作技能というと、剪定や施肥が連想されがちだが、各地で農業名人といわれる人たちは異口同音に「土作り」の重要性を指摘する。作物の生育に適した土壌条件を整えることを「土作り」と呼ぶが、堆肥づくりは「土作り」の肝だ。その肝心の堆肥をきちんと作れる農業者が少なくなっているのだ。堆肥づくりには、広範な知識と熟練を要するが、それに見合うだけの知識と熟練を積んでいる農業者がどんどん減っている。

農業団体のホームページなどでは、自家製堆肥を使っていますという宣伝文句が並んでいる場合が多いし、地方公共団体が公営の堆肥センターを持っている場合も多い。ところが、それらの多くは、きちんと畜糞を完熟させておらず、堆肥としての有用性が失われている。

そもそも、現在の農業者の多くは、堆肥と肥料の違いといった基本的な区別ができていない。堆肥をひとくちでいえば、家畜の糞尿を炭素源と混ぜ合わせ、天然の微生物の発酵作用によって窒素を一時的に固定させて安定化させたものだ。肥料の場合は窒素などの作物の生育に必要な成分の供給を目的としているが、堆肥の場合は窒素分が固定されていて窒素分の供給を目的としていない。両者は明確に区別されるべきものだ。この区別もつかないような農業者では、まともな「土作り」などできない。

耕作技能が低下しても、天候など条件に恵まれていればボロは出にくいが、不利な条件が発生したときに、耕作技能不足の脆さを露呈する。二〇一〇年は夏の高温のため、本州では水稲の倒伏、北海道ではじゃがいもの空洞化が多発したが、これも技能低下が一因だ。全国各地で病害虫の大量発生の事例をみるが、耕作技能の不足で病害虫発生の初期時点での対処能力が落ちていることを感じる。

だが、農業者の関心が技能へ向かないからといって農業者を責めるのは生産的ではない。農業者が技能習得に専念しにくい状態にあるからだ。第一に、「能書き」やら生産者の顔写真やらの演出・宣伝が偏重されるようになり、消費者が舌で農産物のよしあしを判定する習慣を失った結果、よい農産物を作るよりも演出や宣伝に力を入れたほうがトクという状態にある。第二に、農地利用が無秩序化し、いくら本人が耕作に励んでも、周辺で不適切な農地利用をされて台無しになる危惧がある。このような状態では、農業者が技能習熟の意欲を失うのも無理からぬところだ。

私は第一の問題を「川下問題」、第二の問題を「川上問題」と呼んでいる。農産物を中心に考えて、農産物を消費する消費者を「川下」、農産物を生み出す農地を「川上」

に見立てるのだ。「川下問題」、「川上問題」に加えて、二〇一一年三月以降は原発事故による放射能汚染問題（風評も含めて）も耕作技能を向上させようという意欲を挫《くじ》いている。

本書には、誰かを悪者に仕立ててバッシングしようという意図はない。そうではなく、矛盾の構造を赤裸々にする。そして、矛盾の発生メカニズムを論じる。三浦・川上のような卓越した耕作技能がなぜ継承されることなく死に絶えていくのか、本書では、その悲しいメカニズムを論じる。

日本農業の崩壊は加速することはあっても止まりそうにない。おそらく手遅れだ。農地は荒れ、耕作技能は失われていくだろう。研究者として、自分の非力を恥じ、自責に耐えない。本書は、私という非力な研究者の後世への「詫び状」だ。贖罪にも免罪にもならないが、せめて、日本農業の経験を苦い教材として、後世の人たちが政策を論じる際に役に立てて欲しい。

2　有機栽培のまやかし

有機栽培を謳《うた》っている農産物の大半は自然環境に悪くて食味も悪い。そういう私の見立てを聞くと驚く消費者が多いかもしれない。だが、これが全国各地の農業視察をしてきた私の実感だ。

スーパーや直売所に行けば、堆肥や有機肥料で作られた農産物が有機栽培として誇らしげに売られている。有機栽培を賞賛し、有機栽培の農産物を買うことが消費者の意識の高さを象徴するかのような雰囲気がある。有機栽培ならば、無条件に、環境にもよくて安全・安心でおいしいのだと錯覚している消費者は少なくないのではないか。

だが、有機栽培ならばよいと信じる理由があるのだろうか？　堆肥や有機肥料の原料は家畜の糞尿だ。技能のある農業者が、適切に処理された家畜の糞尿を使えば、たしかに環境にもよいし品質の高い農産物を作ることができる。だが、残念ながら、技能不足の農業者が多いし、処理が不適切な家畜の糞尿が大量に出回っている。

処理が不適切な家畜の糞尿が農地に不用意に投入されると土壌が窒素過多となる。窒素自体は植物にとって栄養だが、多すぎては害悪になる。ちょうど、人間でも、栄養の取りすぎのメタボが不健康なのと同じで、窒素過多の土壌で育った農産物は品質が悪い。しかも、植物に吸収されなかった畜糞の成分が農地から河川や地下水へと染み出し、水質汚染をおこして自然環境を破壊するケースも珍しくない。具体的に地名を挙げるのは差し控えるが、農業起源の窒素過多が都市住民の飲料水にも悪影響を与えているのではないかと危惧されるケースもある。

畜産の大型化によって大量の糞尿が出るようになった。この糞尿処理のために、増殖力が強いが有用性の乏しい微生物（ＥＭ菌など）を注入したり、強引に熱処理したりして、とりあえず堆肥らしくみえるものを作るということが横行している。これらは、いわば「堆肥もどき」にすぎず、作物の品質向上にも環境保全にも資さない。

家畜の糞尿による悪臭公害の対策に頭を悩ましている市町村が多い。そういう市町村にとって糞尿は処理に窮する産業廃棄物だ。そこで、行政は公営の「堆肥センター」を作って、「堆肥もどき」を生産し、「堆肥もどき」の使用を熱心に推進する。農業者も消費者も乗せられて、「堆肥もどき」を多投して作られた農産物が、「有機栽培」という能書きを付け、あたかも環境によくて高品質の農産物であるかのように喧伝されているケースが散見される。「有機農業のまち」という看板で宣伝していても、「堆肥もどき」を農地にばら撒いているだけという場合もある。

逆に、農薬や化学肥料を絶対的な悪と決めつける理由もない。そもそも、農薬といっても、木酢《もくさく》のように、江戸時代から使われていて、環境への負荷も小さいものもある。尿素系の肥料は化学肥料に分類されているが、内容物は有機物だ。このように、農薬かどうかや化学肥料かどうかは、境界線を明確に引けるようなものではなく、絶対的な基準とは考えがたい。

要するに、環境に適合的においしい農産物を作れるかは、有機栽培かどうかの問題ではない。農業者に技能があるかないかの問題だ。技能がないままに有機栽培をすれば、不出来な農産物しかできないし環境も破壊する。技能のない者は、農薬や化学肥料を普通どおりに使った「慣行栽培」で農産物を作るほうがまだましな場合が多い。残念ながら、農業者の年齢や農業の規模の大小を問わず、全国的に日本農業の技能低下が深刻だ。技能のない農業者の作った「名ばかり有機農産物」が増える一方だ。

本来ならば、技能のある農業者の作った「まともな有機農産物」を「名ばかり有機農産物」から峻別することは消費者の仕事だ。きちんとした味覚を持っている消費者ならば、両者の味の違いは明々白々だ。ところが、いまの消費者は、舌ではなく「能書き」で農産物を評価する傾向が強い。スーパーやら直売所やらの野菜売り場では、どうみても不出来な農産物が「地産地消」「食育」「こだわり」などのスローガンやら生産者の顔写真やらを付けて堂々と売られている。それを消費者がありがたがって買っていくのだから滑稽というよりも不安を感じる。

「能書き」の典型例は「虫食いなのは有機栽培で作っている証拠。農薬を使っていない取立ての農産物なので安全安心でおいしいです」とか「地産地消だから流通経費も化石エネルギーも節約で安全安心」というものだ。こういう「能書き」を見たら、まず用心した方がよい。

野菜は少々出来が悪くても、新鮮ならば、それなりに食べられる。とくに、生野菜をサラダオイルの味で楽しむならば、出来の悪い野菜で野菜固有の味や匂いがしないほうが扱いやすい（もっとも、それはサラダオイルの味を楽しむために野菜の味を否定することを意味するが）。野菜の種類にもよるが、本当によい野菜ならば、日持ちもする。たとえば、きちんと育てられたダイコンならば、数日間、寝かしておいたほうがおいしい。それとは対照的に、へたくそが作ったダイコンならば、早く食べないことには味が落ちる一方だ。

また、農業者が「直売所」を不良品の処分場所に使っている場合もある。最近はスーパーでも外食産業でも、農家の倉庫まで立ち入るなど、農薬の過剰散布を防ぐためのチエックをしている。しかし、直売所ならば、そういうチェックが免れられる。栽培管理に失敗した品質の悪い野菜でスーパーや外食産業では受け入れてもらえなくても、直売所なら「ダメでもともと」という感覚で出せる。直売所を「ごみ箱」と呼んでいる農業者もいる。もちろん、厳しく品質管理をしている直売所もあるのだが、いかんせん、直売所が乱立する中で、杜撰なところも散見される。

また、都市近郊の場合、その農地が都会の汚れた空気や水に晒されている場合もある。そういう環境で育った野菜は品質も悪くなりがちだ。最近は大都会のすぐ近くでも直売所があって、「地元だから安全安心」とアピールしているが、かりにその農産物が「安全安心」だと強調したいならば、その根拠を明示した上で「地元ではあるけれども安全安心」と表現するべきだ。

流通経費や省エネの点でも、地産地消がよいのかは疑問だ。もちろん、野菜の流通マージンが大きいのは事実だ。スーパーのダイコンが百円の場合、農家の手元に渡るのはせいぜい三十円程度で、差額の七十円は流通マージンだ。だが、このうち輸送経費はせいぜい五円程度だ。では、残り六十五円はどこに消えるのか？　卸売業者の手数料などもあるが、流通マージンの大半は、実はスーパーでの小売値と仕入れ値の差額であり小売マージンと呼ばれる。これはスーパーが不当に高い値段をふっかけているわけではなく、消費者への利便性への対価だ。すなわち、早朝から深夜まで目ぼしい野菜をきらさずに置くためには、スーパーは無駄を覚悟で多めに仕入れざるをえない。また、小家族に合わせて、ちいさくカットするなどの手間もかかる。そういう利便性を提供する以上、スーパーが仕入れ値よりも大幅に高く値づけして売らざるをえないのは当たり前だ。

さらに、消費者が本当に化石エネルギーを節約したいならば、輸送経費なぞというチマチマした部分ではなく、家庭や小売段階での冷蔵のための化石エネルギー消費を減らす努力をしたほうが効果的だ。そもそも、野菜をナマで食べるのは、もっぱら戦後の習慣だ。野菜を煮しめやおひたしにすれば、常温保存ができるし、たくさん食べられるから栄養摂取もよくなる。また、先述のようによい農作物は日持ちもする。要するに、消費者によい農産物の選別能力があり、家庭で適切な処理をすれば、地産地消などよりもはるかに効果的に、保蔵のための無駄な費用や化石エネルギーを節約できる。

たぶん、消費者は、自分の舌で農産物のよしあしを見分けられなくなったのだろう。だから、「能書き」や顔写真で、自分自身を納得させようとしているのだろう。そう思うと、不出来な野菜をありがたそうに買っていく消費者に対して、痛々しさを感じる。

自信のない結婚と同じだ。結婚したけれど、幸せなのかどうか実感がない女の人がいる。彼女は周りに尋ねて回る。「私って幸せなんだよね？　だって彼は給料もいいし、ハンサムだし、みんなから好青年って言われている人と結婚したんだから絶対幸せのはずよね？　そうでしょう？　そう思うでしょう？」。必死になって自分がよい選択をしているのだと自分自身に言い聞かせようとする。「能書き」や顔写真で農産物を買っていく消費者は、それと同じだ。自分の舌ではよしあしがわからず、自信のないままに農産物を買い、しかし自分がよい選択をしているのだと自分自身に言い聞かせようとする。いわば「空《うつ》ろな消費者」だ。

コメについて、「まともな有機栽培」、「名ばかり有機栽培」、「慣行栽培」の三つを比較するための簡単な実験方法がある。それぞれの白米をコップに入れて水を注ぎ、ラップで蓋をし、そのラップに針で少しだけ通気孔をあけておく。それを腐るまで放っておくのだ。暖かい時期であればだいたい五日くらいで差が出始めて二週間ぐらいではっきりとした差が出る。

腐るということは、大気中の腐敗菌が入り込んで増殖するということだ。「まともな有機栽培」の場合は、この腐敗の速度が遅い。腐敗菌が入ってきても、コメの中にある微生物と共存するため、腐敗菌だけが増殖するという事態にならないからだ。それに対し、「慣行栽培」は、農薬などで他の微生物が殺されているので腐敗菌が増殖しやすく、腐敗が早い。

だが「名ばかり有機栽培」の場合は、「慣行栽培」よりもさらに早く腐敗する。「名ばかり有機栽培」でも農薬は使っていないから、コメの中には微生物がいるにはいる。しかし、それ以上に窒素過多で育ったため、コメの細胞が弱っているのだ。ちょうど肥満児に骨折が多いのと同じで、窒素過多は外からの刺激に対する対応能力を下げるのだ。

舌の判定能力のない「空ろな消費者」は本当においしい農産物を食べたことがないのかもしれない。たしかに、本当に出来のよい農産物にめぐり合うのは難しい。「能書き」や顔写真が流行るにつれて、ますます、難しくなっている。

幸運なことに、私の場合は、抜群に出来のよい農産物を食べる機会がある。私の家には、折りに触れて全国各地の農業名人から農産物が届けられる。彼らは、私に代金を一切請求しない。厚意での「おすそ分け」だ。

「おすそ分け」といっても、量は多い。私は妻と二人暮らしだ。だから一日に食べる量はそんなに多くない。しかも私は出張が多い。しかし、農家さんはたくさん送ってくる。

たくさん食べて欲しいという気持ちもあるだろうし、私に対する親愛の気持ちを表したいのだろう。ありがたい話だ。

この野菜をどうやって保蔵し、おいしくするかは妻の仕事だ。妻は、野菜が届くとまず野菜の仕分けから始める。すぐに食べるもの、室温で保存するもの、冷蔵庫で保存するもの、ピューレなどに加工して保存するもの、私が家で食べる日がどれくらいかも計算に入れながらの仕分けだ。冷蔵庫内の配置換えもしなければならない。

農業名人の作った農産物はおいしい。炊きたてのご飯や取りたての野菜の味がよいのは当たり前だが、名人の作るコメや野菜は、冷ご飯になったり、少々日数がたったりしても味が落ちない。彼らの農産物には「能書き」も顔写真も要らない。

名人農家のコメを食べると、一粒一粒を感じることができる。歯ごたえとともに、味わいを口の中に発する。こういうコメならば、おかずだの塩味などがとくになくてもおいしく食べられる。

お粥にすると、名人農家のコメと通常のコメとの差がはっきりと出る。通常のコメをお粥にすると、白湯《さゆ》の中でコメの粒の形が崩れて糊のようになり、また白湯の匂いもよくなくて、あまり食欲がそそられない。そういう通常のコメから作られたお粥しか知らない人には、お粥は病人食であって、胃を悪くしたときなどに仕方なしに食べるものというイメージがあるかもしれない。しかし、名人のコメであれば、お粥にしてもコメの粒の形が維持される。そして、白湯からはあまい匂いがして食欲がそそられる。

お粥にしても形が崩れないのは、健康的に育ったので細胞壁がしっかりしているからだ。名人農家の野菜の日持ちがよいのも、やはり、細胞壁がしっかりしているからだ。同じ理由で、名人のタマネギは、皮をむいても涙が出ない。タマネギの細胞の中に涙腺を刺激する物質があるが、細胞壁がしっかりしていれば、それも細胞の中に閉じこめられるのだ。

妻は実はピーマンが苦手なのだが、名人農家の作ったピーマンならば食べられる。野菜の「えぐみ」(渋っぽい匂いと味)がないからだ。野菜嫌いの人は、この「えぐみ」を嫌っている場合が多い。この「えぐみ」の正体は硝酸態だ。技能のない農家はどうしても窒素過多になるが、過剰な窒素が硝酸態をとりこむのだ。名人農家は必要なときに必要なだけ窒素を供給するから「えぐみ」が抑えられるのだ。最近、品種改良で野菜を甘くして食べやすくしようとしているが、それでは野菜本来の味や匂いが消えるし、ますます農業者の耕作が安易になりそうで、私には邪道に思える。

名人農家のおかげで、こういう特上品のコメや野菜を食べられるのだから私は幸運だ。少々高いお金を払っても手に入れたいところだ。だが、おそらく代金を支払うと言い出せば、名人農家は私にコメや野菜を出さないのではないかと思う。私に対する信頼でコメや野菜を届けてくれる。だから、私は代金は一切支払わず、その代わりに礼状を送ることにしている。厳密にいうと、礼状は妻に書かせ、礼状の差出人も妻の名前で出させる。妻は、料理上手で評判だ。ニュージーランド大使夫妻はじめ、いろいろな人をhome dinnerに招待したが、お世辞半分であれ、皆さんが満足する。その妻が、名人農家の特上農産物の出来を判定して礼状を書くほうが、私なんぞが礼状を書くよりも、よっぽど名人農家も喜ぶ。

だが、市場に出荷した場合、名人農家の農産物が高く評価されるとは限らない。農産物の売れ行きは、中身ではなく話題性という風潮があるからだ。極端な例は「シブヤ米」だ。シブヤとは、若者のファッション発信地の渋谷に由来する。もちろん、渋谷で収穫されたコメではない。渋谷の若い娘を農場に連れて行って、セクシーな恰好で農作業の真似事をさせて、農《ノ》ギャルなどと銘打ったファッションを売り出している企業がある。その真似事の農作業をした農地で採れたコメが「シブヤ米」としてマスコミの話題をさらった。これに刺激されて「萌え米」だの「ギャル米」だの、話題性やファッション性でプレミアムを目論むという動きが相次いでいる。年に二回、東京ビッグサイトで開催されるコミック・マーケット（マンガやその関連グッズの展示販売会）では、包装に人気マンガの主人公の絵がプリントされて、通常のコメの約十倍の価格で売られている。中身はごく普通のコメでも、宣伝や演出次第でいくらでも高く売れるということを、これらの事例は如実に物語っている。その結果、演出や宣伝ばかりが重視され、技能が軽視されるという傾向がある。

名人農家も演出や宣伝に力を注げばよいと思う読者もいるかもしれないが、それは大間違いだ。名人農家は、コメや野菜を育てることに集中しているからこそ特上品ができる。名人農家は、農地で風や草や昆虫などが発するメッセージを聞くことに傾注する。その感覚は、商工業に携わる者とは異質だし、ましてや消費者に演出や宣伝をするという感覚にはなじまない。

本当に消費者が農業者に技能の修得を望むならば、舌で農産物を評価し、演出や宣伝だけのハリボテのような農産物に「駄目」を出さなくてはならない。しかし、残念ながら、いま、それだけの舌を持っている消費者がどれだけいるだろうか？

3　ある野菜農家の嘆き

Aさんは優秀な専業の野菜農家だ。彼の出荷する農作物は、品質もよく、収量も安定しており、市場での評価は高い。ご子息も農業後継者として、熱心に働く。よい農家というのは、たいがい、奥さんが料理上手だ。Aさんの奥さんもまさにそうだ。私は奥さんの手料理をご馳走になるが、何の変哲もない家庭料理でも、食材のうまみを実にうまく引きだす。忙しい時には奥さんも野良に出て、Aさんや息子さんと一緒に農作業もする。

もともとAさんは、農作物の話をするのが好きだ。栽培のことをこまごまと話し出すと止まらない。だんだん専門的な話になっていくから、こっちも話について行きにくい。でも、農作物の生育を熱心に語るAさんの姿を見ているだけで、こちらも心が和む。

日本全体がそうなのだが、Aさんの周辺の農家は、兼業農家が多い。サラリーマン収入で生計をたて、土日などの縁辺労働で片手間的に農業を営むに過ぎない。そういう環境にあって、Aさん一家は、地域農業の貴重な担い手だ。

そのAさんの表情が、ここ一年、暗い。「担い手育成事業」と銘打った農水省と県による公共事業が地域に導入されたからだ。この事業は、農地の形を整え、農業用水路をつけかえ、農道の拡幅を行うものだ。いまの農業は機械化されているから、それに適合した農地・水路・道路を造成するというのが表向きの趣旨だ。つまり、農業機械の移動や農作物の集出荷を円滑に行うためには道路も広くなくてはならないし、農地内で農業機械が効率的に作動するためには、農地の形が整っていなければならない、というのが表向きの趣旨だ。農業者の負担金は事業費の五%で、残りは財政支出で行われる公共事業だ。

Aさんに言わせれば、この事業は農業潰しのための土木事業だ。たしかに、この事業で農業機械は動かしやすくなる。しかし、それ以上に、住宅への転用が進んでしまう。道路が広がり、土地の形が整えば、家を建てるのにも好都合だからだ。この土木事業を入れるかどうかの説明会で、行政側は、「この事業を入れても、八年経てば、農外転用できる」という趣旨の発言をしたという。

実際、Aさんの近隣では、いち早く、この種の土木事業を導入して、八年後にアパートなどに転用するという事例が相次いでいる。この地域からの通勤圏内には大都市はないが、それでも広くて明るい住宅を求める勤労者世帯は絶えることがない。宅地にすれば、農地としての価値の百倍近い坪単価がつくこともある。農業への意欲が薄い片手間農家にしてみれば、「担い手育成」の土木事業を入れれば、多額の公費助成を受けて住宅への転用の準備をしてもらえるのだから、「おいしい」話だ。

片手間農家は住宅を建てて、お金を儲けられていいかもしれない。しかし、それではAさんの農業はどうなるだろうか？　農地転用で住宅が建つと、しばしばその住民と近隣の農業者との間に軋轢が生じる。人が住めば夜でも生活光があるから農作物の生理が狂う。日本の農業では集落で水利を共有するので、一部の農地が住宅になっただけでも、周囲一帯の農地の水流が乱れることもある。また、住民から、農薬の飛散や農業機械の騒音が、公害として問題視されることも少なくない。通常の農作業に対して住民が抗議行動をおこし、行政や司法で係争になる事例は珍しくない。

つまり、ひとたび、近隣の農地で宅地化がおこれば、Aさんがどんなに農業を続けたくても、農業に専念できなくなる。だからAさんは「担い手育成」の公共事業の導入に頑強に抵抗した。たしかに狭い農道は農業機械の搬入搬出には不便を感じることもあるが、その農道だって、Aさんの先々代のときに、集落の皆が農地を出しあって作ったものだ。少々の不便はかえって、先人の苦労や集落農業の歴史をかみしめる機会にもなるというのがAさんの考え方だ。しかし、集落の圧倒的多数をしめる片手間農家に押し切られ、結局は「担い手育成」の土木事業導入に同意した。そのうち住宅で囲まれてしまい、息子さんは農業に専念できなくなる危険性がある。これのどこが「担い手育成」なのだろうとAさんは不満だ。

しかし、Aさんの不満はそれにとどまらず、もっと深刻な形でも現れる。農業用水路の改修の仕方について、Aさんは県の土木部に具体的に細かく要求をしたのに、それが無視されたのだ。改修された農業用水路は異常な構造をしており、持続的利用に耐えられるか疑問だ。工事直後はともかく、年月とともに取水に支障が出る可能性が高い。必要なときに水が確保できなければまともな農作物なぞ育たない。約束が違うとAさんは県の土木部に掛け合うのだが、県はのらりくらりと責任を回避する。「工事現場を見張っていればよかった」とAさんは口惜しがる。

農業用水の不具合で困るのはAさんだけではなく、集落全体の農家も同じだ。しかし、ここでもAさんは孤立する。周囲の農家は「担い手育成事業」の導入に抵抗したAさんを煙たく感じている。そういう悪感情があって、Aさんの行動に同調するのが嫌なのだ。

それに、片手間農家の多くは農業所得への依存度は低いし、営農継続への意欲も弱いから、かりに農業用水の不具合があったとしても、実は、大きな痛手ではない。

読者諸氏はAさんの住む場所や、土木事業の具体的な欠陥を知りたいだろう。しかし、筆者はそれを書けない。Aさんが誰だかが特定されれば、Aさんは集落の他の地権者や行政によってどんな意趣返しをされるかわからない。農村集落というと、「助け合い」という美しいイメージを都会人は持つかもしれない。たしかに、そういう側面も否定しない。だが、ねたみやいじめもときとして起こる。

Aさんがこんな苦境にいるなら、別のところに行けばいいと思う読者もいるかもしれない。しかし、他の場所にいい農地が入手できる保証はない。どの農村集落でも、「ヨソ者排除」の意識が強く、集落外の者が農地を買ったり借りたりするのを好まない。よほどの大金を積まれれば別だが、営農意欲を失って耕作放棄をしていても農地所有者は集落外の者には売ったり貸したりしたがらない。

かりに他の場所に移ったとしても、「土作り」からやり直さなくてはならない。「土作り」は農業の基本であり、よい農家ほど「土作り」に時間と労力を投入する。「田んぼで五年、畑で十年」という言い方がある。Aさんの農地は、長い年月の間、丹精こめて

「土作り」に専念した成果だ。Aさんとしても、そうやすやすと移動できるものではない。

では、Aさんの苦悩の陰で誰がトクをしているのか？　土木事業を請け負った土建会社と、宅地転用のチャンスが拡がった片手間農家がトクをしたのは間違いない。しかし、それが地域経済の振興になるのだろうか？　まず、農業の振興にならないのは自明だ。では、農外はどうか？　宅地なりに転用すれば農外の産業振興になるかのようにも思えるが、必ずしもそうとはいえない。日本は土地利用計画が甘いから、めいめいの勝手気ままで転用されてしまうからだ。

先述のように、農薬をまいている農地の横に住宅を建てれば、住民だって困る。めいめいの地権者が勝手気ままに虫食い的に転用していくから、高層建築と空き地が隣り合ってしまったり、静寂を求めるはずの病院や学校の横に賑やかな商業施設が建ったりする。無計画な建築がどんな悪い結果を生むかは、バブルの乱開発以来、われわれは実感しているはずだ。バブル時代の無計画な開発事業は、二十年を経た今も、全国各地で塩漬けの低利用の土地を生み出し、地域経済全体の足をひっぱっている。このように、この「担い手育成事業」は非農業部門の活性化にもならないのだ。

結局のところ、トクをしたのは地権者と土建会社ということになる。だが、それも目先の利益にすぎない。農地を宅地などに転用して濡れ手で粟の大金を手に入れると、しばしば、その取り分をめぐって兄弟喧嘩の類がおこる。「待ちぼうけ」の童謡が教えるように、不労所得の存在は、えてして、勤労意欲を失わせ、人生をゆがめる。

では、土建会社はどうだろうか？　たしかに、公共事業を請け負うことで、当面の収入が得られる。土建会社は、つねに多額の金額を動かす。一瞬でもお金の流れが途絶えれば、会社は倒産する。不況の長期化で仕事が減っている土建会社は、「担い手育成」などの公共事業を欲しがる。

だが、こういう農業にも非農業にも役に立たないような公共事業で食いつなぐことが、土建会社の状況を本当によくするのだろうか？　国の財政難は悪化するばかりで、今後も公共事業の削減が続くだろう。公共事業頼みの土建会社は、早晩、行き詰る。つまり、「担い手育成」の公共事業を請け負うことで、土建会社は当面の金策はできるが、それは問題の先延ばしにすぎず、やがては悲惨な結末が待っている。

このように多くの人々を不幸にする「担い手育成事業」だが、その最大の被害者は誰だろうか？　Aさんも確かに被害者だが、もっと大きな損害を被る人がいる。それは、将来世代だ。

「担い手育成事業」の後、やがて蚕食的に無秩序な農地の転用が始まるだろう。それは国土を荒らす。いつどこで転用があるかもわからないうえ、農業用水路まで不具合があっては、いまさら農業に専念もできない。当然に耕作技能も失われてしまうだろう。

このままでは、荒れた国土と、耕作技能の喪失という、負の財産を、われわれは将来世代に一方的に押しつけることになる。

4 農地版「消えた年金」事件

マスコミや「識者」は、不適切な農地の転用は取り締まればよいと簡単にいう傾向がある。また、耕作放棄を解消するために、いろいろな提案が出される。ところが、そういう議論をすべて無意味にするほど、日本の農地行政は破綻している。そもそも、どこにどういう農地があって、所有者・耕作者が誰なのかという正確な情報がない。違反転用や耕作放棄をしても、行政が把握できていない場合が多々ある。

制度上は農地の売買・貸借・転用を記録する目的で、「農地基本台帳」が作られている。農地基本台帳は読んで字のごとく、農地行政の基本になる台帳で、いわば、社会保険庁の年金記録、市役所の住民票に相当する。しかし、この農地基本台帳の記録は、不正確そのもので、実際には駐車場などに転用されたり、耕作者が替わったりしているのに従前のまま（極端な場合は一九四〇年代の農地改革のときの記録のまま）になっているケースが多発している。

たとえば、二〇一〇年三月、民主党参議院議員会長の輿石東氏による農地の違反転用事件が明るみに出た。輿石氏の住宅地の一部が、農地基本台帳上は農地となっていて、固定資産税等も農地として減免されていると思われるという報道で、全国紙で取り上げられた。これに対し、輿石氏は、農地に戻す意思を示したものの、いつまでに農地に戻すかは明言しなかった。その後、この事件はうやむやになっている。

実のところ、輿石氏の事件は氷山の一角だ。農地基本台帳上は農地なのに、実態は駐車場になっていたり、野球場になっていたり、工場になっていたりというのは珍しいことではない。その都度、報道されてもうやむやになることの繰り返しだ。

行政が農地の利用実態を正確に把握していないというのは、深刻な事態だ。転用規制が尻抜けになるばかりではなく、農地として優遇税制を受けたり農業補助金が不正受給されたりしていてもチェックできない可能性がある。耕作放棄地の把握も杜撰で、これではどんな耕作放棄地対策を施しても効果が期待できない。

この事態は、二〇〇七年に発覚して社会問題となった「消えた年金問題」をほうふつとさせる。「消えた年金問題」は、社会保険庁に年金の掛け金の徴収がきちんと記録されておらず、年金の受給資格を失ったり、額が減額されたりしたという事件だ。その結果、政府へ猛烈な批判がうずまき、二〇〇七年の参議院議員選挙、二〇〇九年の衆議院議員選挙で与党・自民党は大敗した。政権交代のきっかけとなった大事件だ。年金行政と農地行政というように、分野に違いはあるが、個々の権利者に関する基本的な行政上の情報の不備という意味では、年金記録の遺漏と、農地の利用状態に関する記録の遺漏は、同じ性格のものだ。

ちょうど、「消えた年金問題」を不問にしたままどんな年金改革を論じても無意味なように、農地基本台帳の不正確さを放置してどんな農地政策を論じても無意味だ。「消えた年金問題」の場合は、遅ればせながら、年金記録の修正作業が進められている。ところが、農地基本台帳に関しては、世論の反応が鈍く、輿石氏の事件をはじめ、多くの場合、うやむやにされたままだ。この結果、農地基本台帳と現状の乖離は時間とともに拡がっていく可能性が高い。

「消えた年金問題」では、国民は行政の怠慢に怒り、情報の精査を強硬に求めた。ところが、農地基本台帳の問題では、国民の反応はきわめて鈍い。この差はどこにあるのだろうか？

最大の理由は、「消えた年金問題」の場合は、ひたすら役所の怠慢を攻撃し、情報の精査を求めればよいのに対し、農地基本台帳の場合は、一般市民も情報の精査に協力しなければならず、その場合、自分たち自身の過去の違法行為があかるみに出る可能性があるからだろう。

残念ながら、日本には、「個人の土地をどう使おうと個人の勝手」という地権者エゴが、農地・非農地を問わず、蔓延している。たとえば、都市部の住宅地でも、市役所の検査の後、所有者が市役所に無断で増改築するなど、建築基準法違反が常態化している。このような状況で農地利用について行政が厳しい姿勢をとろうとすると、農家から「都市住民の建築基準法違反は放置したままなのに、どうして農家にばかり厳しい注文がつくのだ」という反発が出るのは明白だ。そうなると、農家ばかりではなく非農家も調査が必要となり、過去の違反行為が炙り出される可能性がある。

さらに、土地がらみのことは、事件が複雑化する場合も多いから、行政の担当者としてもどうしても腰が引ける。その結果、農地基本台帳の情報精査すら億劫になり、どんな法律も尻抜けになる。

そもそも、何をもって転用や耕作放棄とみなすかは、判定が難しい。たとえば、高原野菜地域では、種まきをしても、価格が安そうだと判断すれば、肥料を与えず放置して収穫もしないことが珍しくない。しかし、これもひとつの農業のやり方であって、農作業を中断したからといって耕作放棄とは言いがたい。

そう考えると、草ぼうぼうで耕作放棄と思われる状態でも、わずかばかりでも野菜なり果実なりが育っている場合、地権者が「自然農法だ」と主張すれば、それを覆すのは難しい。農地にヘドロが投棄されていても、地権者が「有機肥料をまいた」と強弁すれば、その強弁が認められてしまう場合もある。

この背景には、日本社会における民主主義への誤解が潜んでいる。民主主義には二つの基本要素がある。ひとつは、私権（私の権利）の主張で、市民が自己の利益を主張することだ。もうひとつは市民参加といって、市民が行政の一端を担う責務を負うというものだ。

私権の主張について、いまの日本は欧米に完全に比肩する。戦前は欽定憲法のもとで上意下達が徹底していて、「お上」が私権の主張を理不尽に制約することも多々あった。しかし、戦後六十年を経たいま、個々人が「お上」からの制約を感じることは日常生活ではまれだ。つまり、私権の主張においては、いまの日本は戦前社会からみごとに脱却したといえる。

しかし、市民の行政参加については、日本はまったく遅れている。そもそも、私権の主張と民主主義を混同している場合も少なくないと思われる。

市民の行政参加が求められるのは、個々人の身近な問題で、価値観が衝突しがちな問題だ。その典型が土地利用だ。たとえば、娯楽施設の進出に対しても、閑寂な環境が壊されるとして嫌がる住民もいれば、余暇の楽しみが増えるとして歓迎する住民もいる。このような場合、娯楽施設の進出を認めるかどうかを、市町村などの行政に判断をゆだねても、必ずどちらかは不満を抱く。それならば、住民同士で徹底的に議論をするほうがよい。もちろん、それには時間がかかる。しかし、欧米では、土地利用計画の合意を形成するために住民自身が時間と労力を投入するのは当然のこととして受け入れられている。住民自身が議論を重ねて策定した土地利用計画には、遵守の意識も高まる。土地利用計画に違反しているかどうかも住民同士がシビアに観察・判定し、違反に対しては課徴金や退去要請などを遠慮なくつきつける。

これとは対照的に、日本の場合は、土地利用計画の策定も運用も市町村などの行政任せで、個々人は、お互いに話し合わない。行政の決定は、いわば「他人が決めたこと」であって、住民自身に当事者意識がない。行政の決定に対して不満があれば行政を攻撃するが、住民自身が土地利用計画の策定や運用には決して関わろうとしない。遵法意識も薄弱になる。誰か一人が違法・脱法行為をすれば、それをとがめるのではなく、「彼がやっていいなら自分もやろう」という、悪い連鎖がおこる。

われわれが、市民の行政参加を欠落させてしまったのは、そもそも日本社会が民主主義をきちんと理解していないことを示している。欧米では、名誉革命以来の何百年という歴史の中で民主主義を育ててきた。このため、私権の主張と市民の行政参加のうちどちらか一方のみが突出するということは起きにくかったと思われる。また、民族や宗教の争いにもまれて、価値観が異なる者同士で議論をたたかわすという経験を培わざるをえなかったという事情もあるだろう。

これに対し、日本は、本格的に民主主義を導入してから、たかだか六十年程度の歴史しかない。しかも、民主主義を自ら開発したのではなく、基本的には欧米の模倣だ。私権の主張という模倣しやすい部分のみを模倣し、市民の行政参加という模倣しにくい部分をさぼってしまったとみることができる。また、日本社会は構成員の同質性が高いため、意見をたたかわすという習慣が不足しているという事情も、市民の行政参加をなじみにくくしたかもしれない。

農地版「消えた年金問題」における情報管理の杜撰さは、「本家」の社会保険庁の事例にも優るとも劣らない。だが、社会保険庁の場合は単純に職員の怠慢が問題の元凶だったのに対し、農地版「消えた年金問題」の場合は地権者エゴという問題の元凶が市民の側にある。市民は、行政の怠慢を批判するのは好きだが、自身が市民としての責任分担を負うのは嫌う。このため、市民は、農地版「消えた年金問題」の存在すら認めたがらない。かくして、「本家」の社会保険庁では遅ればせながら情報の修正が進んでいるのとは対照的に、農地版「消えた年金問題」は、どんどん解決から遠ざかっていく。

5　担い手不足のウソ

Ｂさん夫妻は三年前に農業Ｉターンをした二十歳代の若い夫婦だ。二人とも農学系の大学を卒業した後、半年間、農業団体で研修をしたあと、それまで縁もなかった東日本の小さな町で新規就農した。町役場の斡旋で、耕作放棄同然の畑地を借りた。所有者は八十歳近い高齢者で、もともとは葉物野菜を作る畑だった。長年、農薬を使いすぎた影響で、Ｂさん夫妻が農地を借りたときは、地力（土地の生産力）はすっかり失せていた。それでも三年をかけて農作物が育ちそうなところまで農地を回復させた。ようやくこれからだというときに、Ｂさん夫妻は貸借契約の打ち切りを通告される。といっても八十歳近い所有者にはたいした農業はできない。もっとも管理に手間のかからない栗園にする予定だという。どうやら、所有者の子息（将来の相続人）が、Ｂさん夫妻に農地の地力回復だけをさせて、Ｂさん夫妻が農地利用の権利を主張し始めないうちに、Ｂさん夫妻を追い出したかったようだ。

マスコミでは、連日のように「農業の担い手不足」が報じられる。農業就業者の三分の二が六十五歳以上の高齢者であり、農地の約十％が耕作放棄されているという現状が、農家の「窮乏」として報じられる。そして「若者や企業などの新規就農を促進しよう」という政策提言に、したり顔の「識者」が解説を付する。

しかし、地権者（農地所有者）は担い手不足で困っているばかりではない。担い手が現れるのを警戒している場合も多い。極端な場合は、「担い手育成を名目として補助金は欲しいし、マスコミ集めのための数年間限りの農業参入は歓迎するが、決して担い手にはムラに定着してもらいたくない」という場合がある。

耕作放棄というと条件の悪い山がちな場所が連想されることが多い。だが、耕作放棄面積の拡大速度では、平場の優良農地の方が速い。普通に農業をすれば利益が出るはずの農地でも耕作放棄されるのだ。そういう農地の所有者の中には、節税や宅地などへの農外転用の目的で農地を持っている場合がある。国土が狭隘《きょうあい》な日本では、農村部でも、つねに農地に潜在的な転用需要がある。とくに、優良農地ほど転用への潜在需要は強い。優良農地の条件は、平地で、農地の形状が整っていて、水はけや日照がよく、道路へのアクセスがよいことだ（農業機械の搬入や農産物の集出荷に、道路アクセスは不可欠だ）。これらの条件は、まさに、商業施設、公共施設、住宅を建てるときの好条件と重なる。

優良農地は固定資産税・相続税が減免される見返りとして、転用が規制されていることに表向きはなっている。しかし、転用規制は抜け穴が多い。とくにここ数年は、法律の条文上に転用規制強化とも読める文言を付して転用規制強化を装う一方、運用面で転用を容易化するという傾向が進んでいる。適当な転用事案に行き当たるまでは、農業を装って節税し、機をみて売りぬきたいというのが大多数の地権者のホンネだ。

この場合、転用機会が来るまでは、自分で省力的な農業をするか、他人に貸し出して耕作させるかをするわけだが、転用機会が訪れたときには、迅速に転用できなくてはならない。たとえば、農地を大々的に転用して大型商業施設を建設するという事案がもちあがったとする。集落に反対論者がいて農地を売らないと言い出し、交渉がもつれれば、商業施設は当該地域への進出をあきらめ、近在の他の候補地に建設話を持って行ってしまうかもしれない。

したがって、農地の転用機会を狙っている地権者にとっては、農業に熱心な若者が集落内にいては困る。農業に熱心な人ほど、「土作り」のために同じ農地を継続的に利用することを望むからだ。

つまり、転用機会に遭遇したらすみやかに転用するというのが、地権者の最大関心事になる。そこで、とことん省力的な農業を自ら行うか、いつでも返却に応じてくれる人に限って貸し出す。自ら農業を行う場合、もっとも好まれるのは稲作だ。稲作は機械化が進んでおり、よほど大規模でない限り週末労働でじゅうぶんに対応できる。ＪＡなどによる作業受託サービスも行き届いており、電話一本で苗作りも耕起も施肥も防除も田植えも収穫も貯蔵もしてくれる。稲作以外であれば、手間の要らない栗なぞを植えて収穫もしなかったり、地域の景観改善のためと称して粗放的な花畑にしたりする場合もある。農地を返してもらえるかどうか心配するくらいなら、耕作放棄を選ぶ。いつ農業をやめても不思議のない高齢の血縁者に耕すだけ耕させておいて、耕作できなくなったら新たな借り手を探すのではなく、単純に耕作放棄するのだ。

つまり、高齢化も耕作放棄も困窮を意味するのではなく、地権者の贅沢な算段を意味している場合も多い。もちろん、地権者は、そのホンネを、マスコミや「識者」の前で語ることは稀だ。人間というのは、おいしい金儲けのネタを隠すために、でっちあげのストーリーを展開することがよくある。それは農家でも非農家でも同じだ。

しかし、農家の場合はでっちあげのストーリーが堂々と通用するという特徴がある。これが、世間の評判が悪い業種に従事している人に対してであれば、マスコミも「識者」も「金儲けのネタを隠しているはずだ」という猜疑の目を向ける。ところが、農家にはノスタルジックなイメージがあって、「農家は純朴で善良」と決めつけがちだ。マイクが向けられれば、農家は、判で押したように、「担い手不足で困っている」という定番の答をする。そうすることによって、マスコミや「識者」によって同情的に取り上げてもらえる。うまくすると補助金も引き出せる。

表向きは、どの市町村でも若者の新規就農者を歓迎する。たしかに、最初の数年間は褒めそやされる。若者の新規就農者は「絵」になるから、マスコミや「識者」も集まってくる。単調になりがちな農村生活では楽しい経験だ。その意味では新規就農者は大歓迎だ。しかし、決して、新規就農者には「おいしい金儲けのネタ」には触れさせない。

マスコミや「識者」の多くは、上述のような事情を理解しようとせず、軽率で無責任な事例紹介をしたがる。その一例として、次のようなものがある。

あるムラに美人の若者が新規就農した。マスコミや「識者」が殺到し、彼女を新たな担い手として賛美した。彼女は、それで舞い上がってしまい、その地域のリーダー格でよき指導者だった農家の言うことに耳を傾けなくなった。彼女は我流の農業を始めてしまい、技能が上がらなくなった。それでもマスコミや「識者」が来てくれるうちはよかった。数年経つと、彼女への興味が薄れ、マスコミや「識者」は彼女には焦点をあてなくなる。ムラでの居場所を失った彼女は、ほとんど夜逃げのようにして消息を絶つ。なまじ、マスコミや「識者」が、農村の担い手不足を訴え、新規就農を賛美したことが、若者の人生を狂わせ、農業の担い手も潰したのだ。

残念ながら、この類の事例は、いろいろな地域でみられる。マスコミや「識者」の傲慢さ・有害さを指摘せざるをえない。

6 「企業が農業を救う」という幻想

「これは作物の虐待だ」。異業種の農業参入で注目を集めているC社とD社の農場を一見して感じた。とにかく、生育不良そのものだ。にんじんなり枇杷なりが生えてはいるのだが、素人目でみても弱々しくてみすぼらしい。だいたい、その地域の気象や地質と作物の相性を全然考えていないのではないか。

C社とD社の農業参入は、新たな農業のあり方としてマスコミや「識者」の賞賛を集めている。異業種で成功した経営者が、「民間企業のノウハウを使えば、よりよい農業がビジネスとして成立する。それは食料自給率低下に悩む日本国の国益にもなる」といった持論を語る。こうした企業は、耕作放棄地の復元や若者の新規就農の支援を実現することができる存在であり、社会的正義の担い手であるかのように報道されている。農業政策について論戦があるつど、こういう経営者がマスコミに登場し、あらたな農業の担い手の立場から、一言を呈するというのは、お決まりになっている。

だが、どうやらそういう記事を書いている記者たちは、C社やD社の会長室でのインタビューには時間を費やしても、農地の現状把握についてはろくに取材していないのではないか。

企業が農業参入するというだけで、マスコミが大々的にとりあげてくれる。しかし、その多くは赤字続きだ。都心の植物工場で人目をひいている事例があるが、これも膨大な資金投入で支えられているのであって、ビジネスモデルとしては異様だ。

もちろん、さまざまな試行錯誤をすること自体は何ら咎められるべきことではない。問題は、異業種が農業にかかわるだけでヒーロー扱いされてしまうことだ。運送業でも、製造業でも、金融業でも、どんな産業でも、異業種からの参入や異業種との連携でさまざまな模索はあるが、それをいちいち「新たな動き」なぞとマスコミが好意的に取り上げることはない。しかし、なぜか農業に関しては、参入や連携をするだけで宣伝効果を持ってしまう。

宣伝効果を最大限に発揮するためには、新規参入企業の農産物の品質は粗悪でも構わない。先述のとおり、いまの消費者は農産物の品質自体ではなく、「能書き」などの周辺材料を重視する傾向が強いからだ。むしろ、宣伝や演出の戦略にあわせた農業生産をさせるためには、経営者の意のままに生産現場を動かしたい。つまり、農業生産の現場では、なまじ耕作技能はないほうがよい。耕作技能がある農業者ならば、農地の状態を最優先にして採用する作物や農法を選択しようとするから、経営者の意に沿うとは限らない。実際、C社やD社の元労働者の話を聞くと、どうやら、まともな耕作技能の訓練を受けていないようだ。おそらく、C社やD社に耕作技能の訓練を施す能力もないだろうが、それ以上に現場の農業者を未熟なままにしておきたいのだ。

要するに、そういう企業は農業ではなく広告をしたいのだ。アルバイトや派遣社員の感覚で人を雇って農作業に従事させ、「見せ物」の農業をしているのだ。しかし、そんなことを何年やっても、農業者の技能は上がらない。ちょうど、スーパーのパート労働を何年やっても、スーパーの経営者にはなれないのと同じだ。C社やD社のやり方では、農業の担い手育成にはむしろ逆行するのではないか。

「新たな動き」の虚構は、C社やD社に限ったことではない。近年の日本社会では農業を美化して、「新たな動き」の可能性を議論するのが大流行だ。「農商工連携」、「六次産業化」、「地産地消」、「ハイテク農業」、「半農半X」、「食育」、「定年帰農」、さまざまなスローガンが作られ、これらのスローガンを提唱することがインテリの証明という雰囲気がある。しかし、威勢のよいスローガンが乱発されるときは用心したほうがよい。それは、戦前・戦中の経験からあきらかではないか。

7 「減反悪玉論」の誤解

一九七〇年に、コメの作付けを一律的に制限する減反政策が導入された。ここ数年、減反政策の撤廃を求める声が巷間では賑やかだ。何を作るかは農家の自由裁量に委ねるべきで、農水省が強制するのはおかしいという議論だ。経済学の教科書的な議論でわかりやすく、「改革派」を自任する「識者」が好む議論だ。

ところが、この議論は、重大な事実を見落としている。それは、いまの日本には文字通りの減反政策は存在しないということだ。

そもそも、何をもって減反政策と呼ぶかをきちんと考える必要がある。たとえば、レタスの生産に補助金をつければ、レタスを作る農家が増え、結果としてキャベツの生産は減るだろう。しかし、これをキャベツの減反政策と呼ぶ人はいないだろう。つまり、何かの作物の生産が抑制されたからといって、ただちに減反政策と呼ぶのはおかしい。また、政府の強制ではなく、農家や農業者団体が自主的判断で生産をやめている場合を減反政策と呼んでよいかどうかにも慎重になるべきだ。政府が代替作物の生産を支援するなど間接的な方法で特定の作目（作物の種類）の生産を抑制する場合は、生産抑制策とか、生産調整政策と呼ぶべきであって、減反政策と呼ぶのは、誤解を招く。

たしかに一九七〇年には、米の作付面積が制限され、その制限された面積に応じて補助金が支給されていた。ＪＡの協力を得てはいたが、農水省が減反計画を策定し、末端の農家まで割り振っていた。文字通り減反政策と言ってよいだろう。その後長きにわたって、いろいろ手直しはされるのだが、基本的には減反政策が維持された。しかし、二〇〇一年から政府は減反政策の見直しに着手した。足掛け四年をかけて議論を重ね、二〇〇四年の食糧法改定に結実した。コメの生産を抑制する方針には変わりがないのだが、その抑制の仕方がこの食糧法改定に伴って変更された。新制度は、下記の二点に要約できる。

①政府が主体となった作付面積の制限は廃止する。代わって、ＪＡによる自主的なコメの生産調整を行い、政府は補助金支給などの側面からのサポートにとどめる。生産調整の目標数量の設定なども、ＪＡが主体的に取り組むものであって政府は直接関与しない。
②生産調整に参加するかどうかは農家の自由選択に委ねられる。生産調整に協力する農家は補助金を受ける代わりに、割り当てられた以上の米を非食用米として区分出荷するなど生産調整の義務を負う。

つまり、二〇〇四年の改定によって、文字通りの減反政策は終了した。実際、いまや三十％程度の農家は、生産調整に参加していない。たしかに、地域によっては地方自治体やＪＡが農家に生産調整に加わるよう熱心に勧める場合もあるが、従わなかったからといってペナルティーが科せられることはない。ＪＡが強かった時代なら、農家に無理強いもできたかもしれないが、いまのＪＡにそんな力はない。

いまのペースでコメの消費が減少すれば、二〇二〇年には水田の六割は不要になるという推計もある。二〇〇四年度以降は政府が積極的な関与から手を引いてしまっているのに、六割もの生産調整をするのは不可能だ。つまり、現行の生産調整政策は、「識者」が批判しようとしまいと、早晩、全面崩壊が見込まれる。問題は、生産調整政策が崩壊した後だ。供給超過になって米価が大幅に下がるのは明白だ。もしも米価の大幅低下があれば、大多数の農家は強硬に財政による救済を求めるだろう。あるいは、一斉に耕作放棄や農外転用をはじめるかもしれない。かなりの混乱が予想される。どのみち生産調整政策は崩壊するのだから、理念論として減反反対を言ってもあまり意味がない。むしろ、生産調整破綻後をどうするかを議論する方が大切だ。

なお、生産調整については、理念と実態の乖離が二つの面でおきている。第一に、生産調整を書面上だけ申し出て生産調整補助金を受給し、実際には生産調整をしていないケースが散在している。かつてはＪＡがそういう不正を許さなかったのだが、ＪＡの弱体化によって、そういう不正をチェックできなくなっている。第二に、すでに水田には戻らない状態まで畑地化していながら、一九七〇年以前にコメを作付けしていたという事実を根拠に生産調整補助金を受給しているケースがある。どういう政策が望ましいかを理念論として議論するよりも前に、運用面での具体的問題こそ議論が求められる。

8　「日本ブランド信仰」の虚構

マスコミでは「日本の農産物は安全安心で高品質」とか、「日本の農産物が中国はじめ世界各地で大人気」というたぐいの報道が氾濫している（福島原発事故による放射能漏れがおこるまではとくに顕著だった）。だが、そういう報道にどれだけの根拠があるのだろうか？　先述のように、舌が愚鈍化した日本人に農産物の安全性だの品質だのがわかるのだろうか？

中国はじめアジアの近隣諸国の追い上げにあって、日本の商工業はすっかり沈滞している。かつて日本の家電輸出は世界を席巻したが、いまや安いアジア製に押されて、家電も純輸入国に転落した。品質面でも、着実にアジア諸国は向上しており、日本ブランドが揺らいでいる。こういう中にあって、何かで国産品の優越を誇りたいという心境が大衆の間に湧くのは自然なことだ。その捌け口が、国産農産物礼賛につながった可能性がある。

日本が農産物の品質で、長らくアジアではトップクラスを誇ってきたのは事実だろう。それは、日本がアジアで随一の高所得国であった（少なくとも比較的最近までは）ことに由来する。高品質やエコ志向の農産物の生産・販売に、高所得国は有利だ。低所得では消費者の関心は農産物の量的確保に向かいがちで、品質や環境保全を言っている余裕はない。高所得の人口がまとまって存在している日本だからこそ高級農産物への需要がある。また、高級農産物の流通のためには、コールドチェーン（低温流通体系）など高度な流通インフラが必要で、これもまた、高所得国でなければ実現が難しい。

しかし、中国はじめ経済成長目覚しいアジアの隣国は、急速に所得水準を高めている。アジアで膨張するニュー・リッチは、食料は量的には満ち足りており、むしろ質志向でこれまでにない高価な農産物を求めることになる。しかし、現時点では、高級農産物の生産を手がけた経験がアジアの農家では乏しい。また、高級農産物を流通させるためのインフラ整備にも時間がかかる。このため、多くのアジア諸国ではまだ国内で高価格農産物を生産し流通させる体制が整いきっていない。

したがって、アジアのニュー・リッチが、当面、手っ取り早く質志向の農産物を手に入れようとすれば、日本産が魅力的に映るかもしれない。だが、そういう日本産への人気は一時的なものとみるべきだ。農家・非農家を問わず、経済成長著しいアジアの人々は、学習意欲と能力が高い。農家は、いまの日本産にひけをとらない高級農産物の生産にもやがて習熟するだろう。また、遠からず流通インフラも整うだろう。ニュー・リッチの需要に応えられる農産物が各地で生産・販売されるようになるだろう。

工業製品の場合、かつては中国産などのアジア製家電を安いだけの粗悪品であるかのように日本人は見下していた。ところが、いまや、アジア製家電が品質面でもあっという間に日本に追いつき追い越した。同じことが農業で起きないと考えるほうが無理だ。農産物においても、家電の場合と同様に、品質面でも追いつき追い抜かれるのは時間の問題と考えるべきだ。

すでに、原発事故以降、シンガポールなどの従来の日本産農産物輸入国に中国などが攻勢をかけている。日本国内でも中国産農産物が国産と偽装されて流通するという事件が発生しているが、実際、それらの中国産農産物は品質面では国産と区別がつかない。

安全基準についても、国産品に懸念があることも忘れてはならない。日本の保健所は、発がん性や食味に問題があっても防腐効果の強い処理（たとえば加工食品へのソルビン酸カリウムの添加）を指導する傾向がある。日本人が見た目を気にすることに加え、日本人の行政依存が高いので、O157などによる食中毒といった「目に付く脅威」を減らしたいという意識が保健所にあるからだろう。

また、狂牛病対策でも日本の対応には疑念がある。狂牛病の危険部位が混入する恐れがあるとして国際的に否定されているピッシングと呼ばれる屠畜方法が日本では二〇〇八年まで採用され続けていた。その一方では、検出力に疑問が持たれている狂牛病の延髄検査を出荷された全頭に強いるなど、ちぐはぐだ。

野菜の農薬や牛肉の成長ホルモンの残留基準でも、日本は先進国の中では決して厳しいとはいえない。とくに、成長ホルモン注射は人体への悪影響が懸念されているが、確実に牛を太りやすくさせるので、農家にとっては「禁断の手段」だ。日本では成長ホルモン注射への注意が薄いのではないかと私は危惧している。最近、国内の去勢のホルスタイン飼育で成長ホルモン注射が増えているといわれる。少なくとも、イメージ論で国産品を礼賛するのは危険だ。

京都大学の白岩立彦氏（作物学）の日米比較研究によると、品種や気象の違いなど自然科学者が通常想定する条件を勘案しても、日本の大豆の土地生産性は低い。米国など他の先進国の大規模農業でも、日本では滅多にお目にかかれないほどきめこまかな栽培管理をしている場合が少なくない。白岩氏は、自然科学者として慎重な表現をしているが、日本の農家の耕作技能は、一般に日本人がイメージするほど高いとは限らない。

第2章　農業論議における三つの罠

1　識者の罠

農業問題を議論するときに注意すべき三つの罠を指摘しておこう。第一は、一般に「学がある」と自任している「識者」がひっかかる罠であり、いわば「識者の罠」だ。

これは、私自身が経験したことでもある。私はほとんどテレビやラジオに出演の機会なぞなかった。ところが、二〇〇八〜二〇一〇年あたりは、テレビやラジオなどに出演する機会が少数ながらあった。「農業ブーム」のおかげで私にも声がかかったのだろう。

マスコミにかかわってみてつくづく感じるのは「マスコミに出続けたい病」の怖さだ。「識者」としてテレビやラジオに出ると、快感になってまた出たくなる。

そして、「マスコミに出続けたい」という希望を実現する方法はある。一度、マスコミと縁ができると、政界や財界や官界のトップが持っているような情報を持ってきてくれるからだ。そうなるとますます「識者」らしくテレビやラジオで振舞えるようになる。マスコミのほうとしても、自分たちの意図したような意見を「識者」に言わせることができるから安心だ。

この作戦は、商工業の問題を論じるときには効果的だ。商工業では、一般の労働者は特定の作業を分担しているにすぎない。だから、現場で働く労働者には、新たな商品やサービスがどのように開発され、どのように生産されているのかの全体像がつかめない。政界や財界や官界のトップが持っているような情報は、どういう問題が発生していてどういう解決策がありそうかを論じるときに有用だ。

ところが、農業問題の場合は事情が異なる。農業の場合、農地が生産活動のすべてだ。したがって、政界や財界や官界のトップが持っているような情報をいくらかき集めても、どういう問題が生じているかは見当がつかない。農業団体の役職員でも、団体活動などで農地から遠ざかると、あっという間に農地の様子に疎くなる。しかも、農業の財務会計は商工業ほどには規格化・透明化されていないため、外部からの経営実態の把握が難しい。

農学を専攻している農業試験場や大学の研究者を連れてきても、耕作の実態については語ることができない。製造業が工場という人為的制御が効きやすい環境にあるのとは対照的に、農業は自然という人為的制御が効きにくい環境での生産活動であるため、科学者の知識では対処できない部分が多い。実際、農業高校や大学の農学部を出ても、その教科書的な知識が長期的には役立つこともあるものの、当面の農作業にはほとんど役に立たないのは農業に携わる者の間では、常識だ。本を読みながら作物を栽培するのは科学者と素人であって、まともな農業者ではない。

要するに、農業問題の場合は、実際に耕作している者にしか何が問題なのかがわからない。しかし、「識者」は、趣味や片手間で農作業をすることはあるかもしれないが、本格的な農業生産には携わらない。

「識者」自身が農作業をしていなくても、野良で働く農業者に聴き取りをすればよいと思う人もいるかもしれない。残念ながら、そのようなやり方も通用しない。野良で働く者が、本当のことを話すという保証はどこにもないからだ。むしろ、野良に働く者の心情として、「識者」に対して猜疑心や警戒心をいだく可能性がある。野良を知らないいくせに農業について語る「識者」を、野良の生産者が不愉快に感じるのは当たり前だ。

農政についてあれこれと発言する「識者」は多いが、彼らのほとんどは耕作についてば「素人」だ。おそらく農業ぐらい「素人」が「識者」になってしまっている領域は珍しいのではないか。当然のことながらそういう「素人」の「識者」は、販売とか加工とかグリーンツーリズムなど、農業の周辺を熱く語ることはあっても、耕作技能のことは具体的に議論したがらない。

「識者」は野良がわからなくても、「識者」らしく振舞おうとする。「マスコミに出続けたい病」にかかっていれば、なおさらだ。そこで、「識者」がひねりだすのが、スローガンに頼るという方法だ。先述したように、脱サラ農業、野菜工場、有機農業、新規就農、半農半X、農商工連携、という具合に、スローガンの乱発となる。いかにも高尚そうで、耳あたりのよいスローガンだから、聴衆・読者も心地よく聞き入ってくれる。かくして「識者」は耕作を語ることなく「識者」であり続けることができる。

2　ノスタルジーの罠

農業問題を語るときに陥りがちなもう一つの罠は「ノスタルジーの罠」だ。都市住民は自然から離れ、農業からも離れている。そういう距離があるからこそ、農業や農家を美化する。それはアイドル歌手に似ている。アイドル歌手は手が届かない存在だから美しくて魅力的に感じられる。距離が近くなって、生臭い心身を知ってしまえば、アイドルではなくなる。

都市住民は、農家といえば「ふるさとの昔話」に出てくるような貧しくても堅実に働くお百姓さんの姿をイメージしがちだ。とくに社会の世知辛さに食傷気味の人たちは、「食べ物を作ってくれる聖なる職業」とか「自然に囲まれた人間らしい生活」なぞといった、「美しい農家像」を好む。そして情緒的に「日本農業を守れ」と主張する場合も少なくない。

しかし、農家が貧しいとか純朴だと信じる理由はない。零細農家というといかにも貧しそうな印象を持たれがちだが、その多くは年金やサラリーマン兼業で安定的な収入を得て、都市の同世代よりも総じて恵まれている。たとえば、世帯員一人当たり所得で農家は勤労者世帯よりも十五％程度高い状態が一九八〇年代以降、続いている（農家と非農家の所得水準の比較について、より詳しくは、本間正義『現代日本農業の政策過程』（慶應義塾大学出版会、二〇一〇年〕、八〜十六頁を参照されたい)。都市居住者の多くが借家暮らしをしたり、自宅を持っていても住宅ローンを負っていたりするのに比べ、農家は農地や自宅などの資産を持っている点でも恵まれている(都市の不動産に比べて農家の不動産の相続税負担は決して高くない)。

ギャンブル好きでパチンコ屋に入り浸っている農家も珍しくなく、堅実というイメージは疑ってかかるほうがよい。先述のように、農地がらみの錬金術だの、補助金の不正受給だの、邪《よこしま》な金儲けのネタは農業に多くころがっている。そもそも、農家といえば地権者であり、土地の稀少な日本では地権者は往々にして強欲だ。

断っておくが、「美しい農家像」を疑うことは、農家だけがことさらに醜いことを意味しない。人間というのはどういう職業であっても醜いものだ。汚れがないはずの聖職者が、実は煩悩にとりつかれているという話はよくある。かくいう私自身、不正を働くし、自分勝手なウソもつく(とくに妻に対して)。醜い農家の存在を認め、人間の醜さを確認してこそ、社会愛ではないのか。

逆に、「美しい農家像」に固執するのは、危険だ。かつて、戦時体制期の日本では、日本人や日本文化をやたらと美化した。その結果、美しくない日本人は「非国民」のレッテルを貼られ、美しくない芸術は「退廃」のレッテルを貼られ、殲滅《せんめつ》の対象となってしまった。

アイドル歌手を美化しておっかけをやっても本当の愛情は生まれない。その歌手に醜い側面があることを知った途端に、その歌手を遠慮なく放り出すのではないか。生身の人間の薄汚さを受け容れてこそ、本当の愛情が生まれる。それと同じで、「ノスタルジーの罠」に嵌《はま》ってしまえば、本人は農業の味方をしているつもりなのかもしれないが、むしろ農業を殲滅する側に近いと考えるべきだ。

3　経済学の罠

「ノスタルジーの罠」と対をなすのが「経済学の罠」だ。これは、経済学の教科書で学んだことをそのまま農業に当てはめようという発想だ。経済学の教科書は政府の介入などを排除し、企業の自由な競争に委ねれば、生産効率は最高になると説く。ただし、これは、取引相手を探すのにまったく費用がかからず、また取引にあたって違法・脱法行為がなく、決済も滞りなく行われることを前提としている。

しかし、現実の社会でこれらの前提が成立するという保証はない。むしろこれらの前提が成立するときの方が稀だ。具体的問題ごとに、どのような取引が行われているかを精査することが経済学者・経済学徒の本来の責務だ。

だが、小泉改革以降の官僚や業界団体を悪者扱いする風潮が真摯な学究態度をしばしば遮る。「官僚や業界団体が規制にしがみついて不当な介入をしている。官僚や業界団体をやっつけて自由競争に委ねれば問題はすべて解決する」という単純明瞭でわかりやすいストーリー（真実かどうかは別問題だが）がしばしば大衆ウケする。このストーリーはわかりやすいだけではなく、経済学という社会科学を使っているのだという知的快感も伴う。

この「経済学の罠」に嵌っている人たちは、「官僚や業界団体さえやっつければ、日本農業は劇的に強化され、国際競争力も強化され、農業は成長産業化し、輸出産業にもなる」という論理展開を好む。小気味のよいこういう主張は「攻めの農業」としばしば表現される。そして、「攻めの農業」を自任する人たちは、農業保護を説く人達を、改革を拒む守旧派と見立てる。

かくして「攻めの農業」の論者の自由貿易論と、ノスタルジックな農業保護派による保護貿易論が対峙するというお決まりのパターンが産まれる。しかし、両者は、農業を野良から遊離した理念で語っている点では同類だ。いわば八百長的な猿芝居だ。

4　罠から逃れるために

どうすれば、上述の三つの罠から逃れることができるだろうか？　最善の方策は、農業とは何かの根本に立ち返ることだ。農業とは、食用の動植物を生育することだ。このシンプルな事実に忠実に議論すれば、罠に陥ることなく、稔りのある議論ができる。

動植物の生理にはいまだに人智を超えた部分が膨大にある。ましてや、農地という制御困難な自然環境で動植物を飼育・栽培するのは容易でない。当然のことながら地形や気候によって農業のあり方は大きく異なる。工場という人為的な環境で規格化された商品を生産する工業と比較すれば、農業は自然の摂理に大きく影響される点に特徴があると言える。

よい農産物とは、健康的に育った食用の動植物だ。健康的に育てば、栄養価も高いし食味もよい。健康的ということは農地の自然環境と融和していることを意味するから環境保護にもなる。

　本屋に行けば農作業の指南書が出されているし、農業機材メーカーも使い方のマニュアルを提供する。それらを読めば、見よう見まねでも食用の動植物が育つことは育つ。しかし、そういう素人の農法では動植物は健康的には育たない。食用の動植物を健康的に育てるのは、本読みでできるようななまやさしいものではない。それは、料理にも似ている。どんなに高価な調理器具を買い揃えて一流レストランのレシピを取り寄せたとしても、調理人に料理のコツがつかめていなければおいしい料理ができないのと同じだ。健康的に農産物を育てるためには、じゅうぶんな訓練で技能を培い、不断に農地を観察しなければならない。

第3章　技能こそが生き残る道

1　技能と技術の違い

耕作技能を本格的に論じる前に、やや専門的になるが、「技術」と「技能」という二つの言葉について説明しておこう。日常会話では（そして「識者」が農政を論じるときにも）「技術」と「技能」が混同されがちだが、両者はきちんと区別されるべきだ。

生産活動のありかたを分析するうえで、「技術」と「技能」の区別の有用性を説いた力作として斎藤修・一橋大学名誉教授の一連の著作がある。斎藤氏の研究は、製造業を対象にしたものが多いが、農業を分析する際にも示唆に富んでいる。以下、斎藤氏の整理に準拠して技術と技能の対比をしよう。

「技術」と「技能」の違いを一口で言えば、「マニュアル化できるか」だ。マニュアルといって多くの人が思い浮かべるのは、電気製品を買うと付いてくる、使い方が細かく書いてある冊子だろう。マニュアルに書いてあるとおりに操作をすれば、製品の仕組みについての特段の知識がなくても、必ずその製品は予定された機能を発揮する（さもなくば不良品だ）。同じことが近代の工場労働でもいえる。労働者には作業手順が微に入り細に入り徹底的にマニュアルとして示され、そのマニュアルに沿って作業をすれば、製品を作ることができる。一般に大量生産の工場では、労働者はマニュアルに忠実に働けばよく、独自の判断や行動は不要だ。新たな技術が生まれれば、それはマニュアルの変更として表現される。

大量生産の工場と対極をなすのが町工場だ。町工場では、どういう製品をどういう製造過程で作るかについて、おおまかな方針はあるが、つねに臨機応変に判断し行動しなくてはならない。この対応能力が技能だ。技能はたぶんに職人技であり、科学知識とともに、試行錯誤の経験によって個人的に獲得しなければならない。

この「大量生産工場のマニュアル化された技術」と、「町工場のマニュアル化できない技能」という対比は、「スーパーで売っているパート労働者が作るパック寿司」と

「専門店で板前が握る寿司」という対比に擬《なぞら》えることができる。安くて手軽なパック寿司ならば、とくに料理の修業をしていない労働者でも、マニュアルに沿って作ることができる。機器や薬品を適宜使うことで、素人の労働者でも、それなりの味わいを楽しむことができる程度のパック寿司を作る。これに対し、板前の場合は長年の修業を積まないと寿司が握れない。その修業も、最初はゴミ出しとか食器洗いとか、寿司を握るという作業には直接関係しないような作業が多い。給料も安く、親方にこき使われながら、寿司とは何かを体得する。そういう下積み時代を五年、十年と修業してようやく寿司が握れるようになれば、年老いても、店が変っても、一丁前の板前として敬意を受け、じゅうぶんな収入も得られる。

この寿司のたとえ話は、技術と技能の違いを説明するためであって、決して、どちらか一方が正しくて他方が間違っているなぞという極論をしようとしているのではないことに注意されたい。パック寿司と板前の寿司の両方が並存し、消費者の必要にあわせて提供される状態が望ましい。日常的にたくさんの寿司を食べたいのであればパック寿司を選べばよいし、たまのぜいたくを楽しみたいのであれば、板前の寿司を頼めばよい。同じように、技術と技能のどちらが重視されるべきかも、目的に応じて変る。

技能の習熟には時間がかかるため、技能のある労働者を大量にそろえるのは困難だ。現代社会は工業製品が大量生産されているが、これは生産過程をこまかい工程に分解し、それぞれの工程に適した機器を導入することで、技能のない労働者でも生産ができるようにしたからだ。

この技能を不要にする大量生産のメカニズムは、十八世紀の英国の産業革命を描写したアダム・スミスの古典、「諸国民の富」によって端的に表現されている。有名なアダム・スミスによるピン生産の例示を思い出そう。裁縫用のピンを作るにあたって、職人が一人で全工程をカバーしようとすれば、一日に二十本も作ることはできない。ところが、一人の男は針金をひき伸ばし、もう一人はこれを真っ直ぐにし、第三の者はこれを切り、第四はこれをとがらせるなど多くの工程に分解し、それぞれに専業者をつけ専用の工具を与えれば、一人一日当り四千本以上もの生産が可能となる。これが、アダム・スミスが注目する分業の利益だ。

たしかに、工程の分解と機器の使用は、きわめて効率的なシステムだとも思える。ところが、このような生産工程の分断は、労働者の技能を低下させる。従来、ひとりの職人が全工程をこなすことにより、職人は自分の理解力を深めたり創意を発揮したりすることができた。ところが、工程の分割は、従来は職人が担っていた作業を、技能を要しない単純労働に置き換える。工程の分解や機器依存が進めば進むほど、労働内容は単純化し、技能は不要になる。先述の斎藤氏は、分業が高度に展開した結果、機械化による技能の解体が行われたと結論している。

産業革命の起源は英国だが、十九世紀の米国で徹底した分業化・機械化が行われ、「アメリカ型製造システム（American system of manufactures）」へと昇華する。「アメリカ型製造システム」は互換部品の導入で特徴づけられる。つまり、工程ごとに詳細なマニュアルを準備し、どういう労働者がどういうときに作った部品であっても定められた規格が厳密に守られるようにしたのだ。これによって、自動車などの複雑な工業製品でも、個々の工程ごとに部品を大量生産し、一気に組み立てることが可能となった。

だが、斎藤氏は労働者の技能の低下という「アメリカ型製造システム」の負の側面にも注目する。「アメリカ型製造システム」は、必要なノウハウを技術者に集中させ、工場労働者にはとくに技能を要求せず、労働をも互換部品と同じように扱うようになったと斎藤氏は表現している。いわゆる労働の「商品化」だ。この労働の「商品化」は現代に至るまで、近代的な製造業で支配的な生産体系だ。

製造業の場合は、労働を「商品化」し、技能が低下しても機械で補うことができる。ただし、技術が固定化すれば生産性の上昇も止まる。この限界を突破するために、近代的な製造業では新たな技術開発を担うための専門部署が設置されている。そこでは専門的な科学知識を持った研究者が専門の研究設備を使った試験・実験によって新たな技術開発を行い、開発された技術は現場の労働者のためにマニュアル化も行われる。このような生産現場と研究開発の分離により、製造業の場合、労働の「商品化」や技能低下のもとでも、持続的な生産性上昇が可能となる。

もちろん、製造業においても、マニュアル化が困難で、職人的な技能を求められる場合もある。高級楽器や高級時計では、いまだに昔ながらの徒弟制度で技能が継承され、楽器職人や時計職人によって生産が担われている。また、自動車などの大量生産においても、工作用機械の金型作りなど一部の工程には職人技が求められ、町工場の職人によって担われる。東大阪市や大田区のような町工場地帯は、長年、そういう技能型の生産拠点として世界に誇っていた。

しかし、今日の日本では徒弟的な修業が嫌われる傾向があり、技能の継承が進まず、いまや日本の町工場地帯は存続が危ぶまれている。長年、日本の製造業の競争力を支えていたのは町工場の技能だ。町工場とともに技能が日本から消え去れば、日本の製造業そのものが危機に瀕する。

2　農業と製造業の違い

以上の製造業のケースを踏まえて農業の場合を考えてみよう。前章で述べたように、農業は人間にとって有用な動植物を飼育・栽培する行為だ。人間の管理が悪くても悪いなりに動植物は育つ。しかし、動植物を健康的に育てるのは難しい。自然という、人間の予想を超えてうつろいやすい環境のもとで、的確な措置によって健康的に動植物を生育させる能力こそが農業における技能だ。

製造業の場合と同様に、農業でも慣れ、実践、学習によって技能が形成される。名人農家（例えば、第7章で紹介するK名人）が他の農家を指導するとき「経験プラス知識が大切」という趣旨の言い方が多々される。試行錯誤をしながら出てきた結果を科学的に解釈することによって、技能が形成されるということだ。

マニュアル化された工場で正確かつ忠実に指示に従う優良作業員として何年働いても

職人技は身につけられない。それと同じで、もしも試行錯誤や科学知識がないならば、農業者が何年農地で働いても、耕作技能は形成されない。

農業は自然という人間のコントロールが働きにくい環境で行われる生産活動だ。農業の場合は単なる生産活動の全体のみならず、自然の摂理に対する理解力が必要となる。このため、農業の技能養成のために必要な試行錯誤や科学的知識は、製造業よりも幅広い。

また、農業と製造業とでは、エネルギー源やその使い方が大きく異なる。農業生産を支えるのは、天の恵みの太陽光エネルギーだ。光合成によって炭水化物が形成されることで作物が育つ。農業生産といっても、生産しているのは人間ではなく植物であって人間は植物の手伝いをしているにすぎない（最近、作物に生産者の顔写真を貼って売るのが流行っているが、本来、人間でなく植物が主人公でなくてはならない。実際、名人農家は顔写真を貼るのを嫌う人が多い）。

太陽光エネルギーは無料で降り注ぐが、どの程度のエネルギーになるかは気象次第だし、刻々と変る。このため、太陽光エネルギーの状態に人間が労働を合わせなければならない。また、どの農地にもほぼ均等に太陽光は降り注ぐので、大量生産（営農規模の拡大）の経済性ははっきりしない。これに対し、製造業で使われる主要エネルギーは化石エネルギーだ。蒸気機関であれ、電力であれ、人為的に費用をかけて石油や石炭を燃焼させてエネルギーを取り出す。つまり、製造業の場合は、人間がエネルギーの発生量を制御する。その際、大がかりな構造物を作るほど、エネルギーが効率的に取り出せる傾向がある。これが製造業における大量生産の利益だ。

機械の導入の意味も、農業と製造業では大いに異なる。機械を効率的に動かすためには、環境が固定していることが望まれる。ところが、農業は農地という人為的環境制御ができない自然環境のもとでの生産活動だ。このため技能の低下を機械によって補うのには限度がある。

このように、製造業の場合と異なり、農業の場合は、分業化・機械化が進んでも、収益が上昇するとは限らない。事実、分業化・機械化が進んだ欧米でも、政府の補助金なしには成立しないのが現状だ。それにもかかわらず、日本でも、欧米でも、農業の分業化・機械化は不可逆的に進行してきた。かつては、農家は自給自足的で自己完結的だった。つまり、農家自身で消費するために穀物も野菜も家畜も育て、肥料や飼料などの投入資材（経済学では中間財と呼ばれる）も自給していた。しかし、経済発展とともに、農業者は、作目をしぼって販売目的で生産するようになる。自給中間財も購入に切り替える。また、農業労働も可能な限り機械に置き換えられる。

農業で分業化・機械化が進む理由は、労働の「商品化」という製造業で起きた現象が、社会全体に伝播し、農業にも変容を余儀なくさせるためと解釈するべきだろう。労働の「商品化」は、それまでの社会の価値観を一変させる。二十世紀は製造業（とくに重工業）が飛躍的に成長した時代であり、製造業に適合した人的資源を養成するべく、法制度や学校教育など、社会システム全体が労働の「商品化」に向かって変化する。

製造業の発達のために社会全体の労働の価値観を変える装置はさまざまにあるが、その典型が学校だ。学校は、近代社会が生み出したかなり特異な空間・時間の管理の仕組みとして認識するべきだ。教育社会学に造詣の深い辻本雅史氏は「近代社会で必要な知識教授と集団的規律訓練の場として、学校は制度化された。学校は子どもを社会生活からある程度引き離し、強制的に囲い込んだ空間だ。学校の肥大化は、やがて社会が学校で修得したことによって成り立つ（学校が社会を規定する）転倒した様相さえ呈することもある。これを『学校化社会』といってもよい。この二十世紀は確かに『学校教育の時代（世紀）』だったのである」と描写している（辻本雅史「歴史から教育を考える」辻本雅史編

『教育の社会文化史』放送大学教育振興会、二〇〇四年)。近現代の学校は労働の「商品化」を教え込むための社会的装置とみなすことができる。農家の子弟も近代学校に通うことで、労働の「商品化」の感覚を身につける。また、テレビなどの電気製品の普及も、人々に無機的な時間の感覚を覚えさせ、時給など近代的な労働の概念を導入し、労働の「商品化」を推進する。

つまり、製造業の成長が労働の「商品化」という労働市場の変化をもたらし、その労働市場の変化が農業に波及し、農業生産性を高めるか否かとは無関係に、いわば「玉突き」的に農業においても生産プロセスの分業化と機械化が進む。

農業における生産プロセスの分業化・機械化は、農業者の技能低下をもたらす。それと同時に、農業機械メーカーや種苗会社といった、農業者以外の業者(厳密に言えばそれらの業者の研究開発部門)に生産技術の多くを委ねることになる。農業は大規模化したところで商工業に比べれば高がしれており、とてもではないが自前で専門の研究開発部門を持つことはないからだ。

ただし、農産物の品質を高めるためには、農業者以外の業者が開発した技術を、農地の条件にあわせて調整しなければならない。農業機械メーカーであろうと種苗会社であろうと、標準化した環境を想定して技術を提供するが、農地条件は千差万別であり、当該農地に応じてどういう調整をするかは農業者自身で判断しなければならないからだ。農業の技能が維持されていれば、独自の調整を農業者以外の業者が開発した技術に上乗せできる。しかし、技能がなければ、製造業の現業部門と同様に、農業機械メーカーや種苗会社のマニュアルに盲従することになり、農産物の品質悪化や気象変動への脆弱化をひき起こす。

3　日本農業の特徴

以上の準備の下に、本節では日本農業の特徴を論じよう。まず、自然条件からみた日本農業の特徴を整理しよう。日本はユーラシア大陸の東側のモンスーン地帯に位置する。多雨と山がちな地形が日本の特徴だ。たとえば、日本の年間降水量は千七百二十八ミリに対し、欧州きっての農業国であるフランスの年間降水量は七百五十ミリにすぎない。日本の国土のうち平地は三十三％で、欧米の主要国が七十％以上であることと比べて極端に少ない。

植物は地中から根を通じて養分を吸収し、老廃物を地中に吐き出す。このため、同じ土地に同じ農作物ばかりを育てようとすると、土壌の成分がバランスを失い、植物の病気や害虫が発生しやすくなる。これは連作障害と呼ばれ、欧米農業の最大の頭痛のタネだ。欧米では、長い農業の歴史の中で、休耕をとりいれたり、輪作をしたり、農薬を投入したりして、連作障害を抑えるための努力が行われてきた。

これに対し、日本の稲作では水田という特殊な生産装置のおかげで、農薬に頼らなくても連作障害を抑えることができる。日本の水田の特徴を観察しよう。日本では限られた平地に水田を作り、ゆるやかな傾斜を使って、上の田圃から下の田圃へと、順々に水を送る。この流水が、上流部から養分を運びこむとともに、老廃物を洗い流す。したがって、毎年、水稲を育てても、土壌の成分が崩れずにすむ。

この水田という生産装置は、集落全体での協調が不可欠だ。山がちな地形のために降水は放っておけばただちに海洋に流出してしまい、水資源として利用できない。降水を水資源として利用可能にするためには、灌漑設備などを構築し、集落全体で水の利用のルールを作らなくてはならない。水は集落の共有財産であり、水利用について、単純な個人主義は通用しない。灌漑設備の建設やメインテナンスの費用負担について、フリーライド（ただ乗り）を抑制する仕組みがなければならない。大雨のときに一部の農地で排水を適切にしなければ、周囲の農地の排水にも支障が出る。単純な個人主義が通用しない点では土地利用も同じだ。一部の農地で駆虫や除草を怠って病害虫を発生させれば、容易に周辺の農地にも伝播する。

言い方を換えると、いくら個々に有能な農業者がいても、集落内に不適切な土地や水の利用をする者がいればその能力は発揮されない。そういう邪魔が入るかもしれないという危惧のもとでは技能を磨く動機もなくなる。つまり、日本農業では、技能の養成のためにも、集落の秩序が必要だ。

さらに、堆肥を使った「土作り」の発達も日本の特徴だ。「土作り」とは、土壌の生物的特性・物理的特性・化学的特性を農作物の生育に適合した状態にすることだ。「土作り」の肝は堆肥だ。堆肥とは、畜糞をおがくずなどの炭素源と混ぜ合わせて発酵させたものだ。堆肥にもいろいろな種類があり、堆肥作り自体が熟練を要する。さらに、どういうタイミングでどれくらいの堆肥を鋤《す》きこむかも熟練を要する。「土作り」がきちんとできれば、水稲はもちろん、畑作物でも連作障害は大いに緩和される。

堆肥作りにあたっては、四つの分野に「精通」していなければならない。第一は、当然ながら、農作物の生理だ。第二は、糞を出す家畜の生理だ。家畜がどういうときにどのような糞をするのかを知らなければ、糞の適切な処理が行えない。第三は、山の植生だ。堆肥の原料は畜糞だけでなく炭素源としておがくずなど木材起源のものもある。したがって木の性質も知らなければならない。第四は土だ。堆肥を施す土壌がどういう物理的・化学的・生物的特性を持っているかを知らなければ、それに適合した堆肥は作れない。

ここでいう「精通」とは、学校で学ぶような教科書的な知識だけでは足りない。工場や実験室とは異なり、自然環境は多様でしかも不断に変化する。日常的に動植物に触れ、土や山の気配を体得しなければならない。それは、寿司の板前が、微妙に日々に異なる気象条件や仕入れ材料の状態を把握するのにカンが求められるように、農業者には自然に対するカンが必要だ。伝統的な農業では、家畜を飼養し、稲作も畑作も手がけ、山仕事にも従事していたので、とくに農業者が意識しなくても自動的にカンを養うのに好適だった。

また、伝統的な農家は味噌などの発酵食品を自家生産していたので、発酵に関する経験知があった。堆肥づくりの過程では、発酵の進み具合を臭いや手の感触で確認するが、これは味噌づくりとも共通する技能だ。発酵食品は多湿なアジア・モンスーン地帯で食料を保存するための知恵として生まれたものだが、それが「土作り」にも活きるのだ。

しかも、日本の場合は山がちな地形に大量の降水があるため、水系が短いことが、カンを養うのには好適になる。たとえば、ベトナムや中国の農業地帯でも川があるが、その水系はあまりにも長く広大だ。揚子江やメコン川の源流ははるか何百キロも越えたヒマラヤにあって、下流の人間には水位がなぜ変化するのかが実感しにくい。日本ならば、ひとつの集落にいながら、体系的な自然の動きを整合的に体感できる。

また、日本ではわずかな緯度の差、あるいは同緯度でも日本海側か太平洋側かで気象条件が大きく異なる。これは、ユーラシア大陸東端の中緯度地帯にあって、大陸とは日本海によって隔てられているためだ。われわれは一つの山やトンネルを抜けるとがらりと気象が変るという光景に慣れているが、これは地球全体の中でもかなり独特でなかなか他地域では見出せない。そして、この気象条件のばらつきこそが、日本農業の固有の強みにもなりうる。技能を高めるためには、個人単独の努力だけではなく、微妙に異なる内容を持った技能を持つ農業者同志の交流が効果的だ。

たとえば、雪解け水が多い地域に適した技能と、雪解け水が少ない地域の技能は異なる。しかし、農業者が雪解け水の重要性に気づかないまま、雪解け水が多い状況にしか通用しないような技能しか持っていない場合がありうる。平年どおり雪解け水が多ければ、いわば結果オーライ的によい耕作が続くだろう。

ところが、異常気象で雪解け水が少なくなったときには、その耕作技能は通用しなくなる。しかし、もしも、雪解け水の少ない地域で似たような作物を育てている農業者と事前に出会って、お互いの耕作の話をしていれば、技能の異同に気づいて、原因を考えるだろう。そのことによって、雪解け水の重要性に思い至れば、異常気象で雪解け水が少なくなっても、すばやく対策が打てるだろう。そういう修正を積み重ねながら、農業者の技能は高まっていく。

農業の技能は、単に平均的に生産性を高めるだけではなく、収量変動を小さくする。技能のある農家は、農地の変化を鋭敏に発見して早めに対処できる。そもそも「土作り」ができていれば、気温や降雨で予想外のことがあったときにも、作物の抵抗力が強い。

4　欧米農業との対比

欧米と日本では、農業と自然環境の関係にも差異がある。欧米で農業を熱心にするということは、連作障害のおそれなど、自然環境への負荷を高める。したがって欧米では、自然環境を守るためには、面積あたりの家畜の飼養頭数を減らしたり、休耕をしたり、耕作するにしても施肥を抑制したりして、人間が働くことを減らさなければならない。もちろん、働くことを減らせばそのぶん収入が減る。したがって、欧米では、環境保護的だということに対して補償金が支払われない限り、環境保護的な農業は採算性があわない。欧米でも有機（オーガニック）農法で栽培したと認証された農産物にプレミアムがついて売られる傾向があるが、これは食味に対してというよりも、環境保護的だということに対する消費者の賛同という意味合いが強い。

これに対し、日本では、耕作を放棄したり、間伐をやめたりといった働きかけの減少をすれば、かえって自然環境を破壊する。肥料や農薬の過投入も自然環境を破壊するが、逆に放置も環境には悪い。日本では雑草が繁茂しやすく、つねに人間が水路などを除草しておかないと、少しばかりの大雨で破壊的な氾濫がおきかねない。人間が山に入って腐葉土を採取したり、燃料や建材や自家製農具の材料用に立ち木を適度に伐採してこそ、鹿やいのししなどの野生動物は生活のためのスペースや、餌となるような小木の芽吹きが毎年得られる。

近年、農家が山仕事をせず、間伐をしなくなった結果、山林が根の張りが悪い樹木で過密状態になり、野生動物が住処を失ったり、降雨時に地滑りがおきやすくなったりという自然環境の損壊がおきている。欧米の農業は必然的に自然破壊的なのに対し、伝統的な日本の農業では、農家の人為的働きかけがあってはじめて自然環境が維持されてきたのは特徴的だ。

このように、日本の場合は、自然環境によい農業をするということと、健康的に作物を育てるために熱心に働くことが同時に成立する。したがって、もしも消費者に農産物の食味を正しく判定する能力があれば、とくに環境保護的といった認証制度を導入しなくとも、高値で農産物が売れて、採算性も合うはずだ（もっとも、現在の日本の消費者は舌が愚鈍化しており、そういう食味の判定ができなくなっているが）。

5　技能集約型農業とマニュアル依存型農業

先に技術と技能の区別を説明するためにスーパーのパック寿司と専門店の板前が握る寿司という比喩をした。同じように、農業のあり方についても、マニュアル依存型農業と技能集約型農業の二つに分類して議論すると有用だ。両者の第一義的な違いは技能を重視するかどうかだが、作業内容が定型化されるかどうかの違いでもある。技能集約型農業では、農地の状態次第で臨機応変に非定型で作業内容を変える。これに対してマニュアル依存型農業では、農作業の徹底的な定型化を図る。気温や降水などが基準値を逸脱した場合の対応も、マニュアル依存型農業では事前に対応パターンを決めておく（気象変動に対して何もしないという「決め方」もある）。

マニュアル依存型農業にも、いろいろなバリエーションがありうる。たとえば、畜糞由来の有機物をとにかくまけばよいという類の「名ばかり有機栽培」もマニュアル依存型農業だ。自然農業と称しているものの中には、農地の観察もせず、耕起も施肥も給水もせず、放置をきめこむものがあるが、これも「何もしない」というパターンに固執しているのでマニュアル依存型農業（さらにいえば、マニュアル依存型粗放農業）だ。週末だけ農業をして普段はサラリーマン兼業している零細農家の多くで、お決まりの高価な農業機械を買い揃え、ＪＡの作業暦に忠実な農業がみられるが、これもマニュアル依存型農業（さらにいえば、マニュアル依存・化石エネルギー多投入型小規模農業）だ。昨今、企業の農業参入でよくみられるのは、資金力にものをいわせて、農業機械などの機器を買い揃え、植物工場や農業ハウスを建設したり、大面積の耕作をしたりするというパターンだが、これもマニュアル依存型農業（さらにいえば、マニュアル依存・化石エネルギー多投入型大規模農業）だ。

これに対し、技能集約型農業は総じて小規模で化石エネルギーへの依存も低い。そのぶん、知識や経験など、人間の能力を必要とする。自然環境を具《つぶさ》に観察し、「土作り」をはじめとして熟練の技を投入して、健康的に動植物を育てることに徹し、特級品の農産物を作って高く売るという方向だ。肥料や資材の購入を極力減らして自家製にするが、これは単なる経費節減だけではなく、自家製のものをあれこれ工夫する過程で作物の性質に関する知識をさらに深める機会にもなる。

誤解しないでいただきたいのは、技能集約型農業は、主として自家消費用に農産物を作るという自給自足的な古いタイプの（あるいは牧歌的な）伝統的農業とは明確に異なるという点だ。自給自足的な伝統的農業では手がける作物や栽培方法の変化は緩慢だ。したがって、農業者はそれぞれの地域の先達のやり方をなぞることが中心で、新たな知識や方法の上乗せはあまり要らない。伝統的農業では経験知は有用だが科学的知識はとくに必要とされない。

しかし、市場経済が発達した今日、自給自足的な農業は存立し得ない。技能集約型農業の場合も販売目的で農作物を育てるが、農産物に対する消費者の嗜好は移ろいやすいし、近年のバイオテクノロジーの発達で短時間で次々と新品種が開発される。このような状況で、技能集約型農業の場合も、新たな作物や栽培方法につねに取り組まなくてはならない。そうなると、経験知のみならず科学的知識が不可欠だ。たとえば、原産地の気候を調べて新品種の癖をつかむとか、新たな資材の工学的特徴を調べて使い方を工夫するとかだ。

技能集約型農業のモデルとして、筆者が懇意にしている北関東の農家（Mさん）の事例を紹介しよう。Mさんは、わずか三ヘクタールの農地で、三人の成人（Mさん自身に加えてMさんの子息と常雇い）の労働を吸収している。露地野菜とハウス野菜が半々で、ハウスといっても、自家製の簡素なものだ。不断に農地を観察し、入念な「土作り」によって、特級品の農産物を作る。Mさんが近隣の畜産農家から仕入れた畜糞を巧みに醸成して作った自家製堆肥は絶品だ。この堆肥は、農業生産を高めるのはもちろん、土壌の保水力を高め、環境保全にも役立つ。

Mさんはもともと北海道で仲間と農業生産法人を作って、自らがリーダーとして営農をしていたが、後進に道を譲って、五年前に北関東に移ってきた。Mさんは自然科学の知識が豊富だ。かつて山仕事や養豚など幅広い経験があるのに加えて、よき指導者から継続的に助言を得ながら、しっかりした技能を培った。

Mさんの技能集約型農業は、農業の強化と環境保全になるのはもちろんのことだが、少ない面積で多くの労働を吸収するため、農村部の雇用創出にもなる。また、化石エネルギーへの依存度が低く省エネにもなる。

われわれは、福島原子力発電所事故の背景には、首都に経済活動が集中し、そこで巨大なエネルギー消費が行われるという国土利用の歪みがあったことを忘れてはならない。機械や装置に頼ったマニュアル依存型の大規模農業を推奨するのではなく、技能集約型農業を推進することこそ、原発事故に対する反省だ。

農地面積に限りがある以上、マニュアル依存型農業と技能集約型農業のどちらか一方が増えれば、他方が減らざるをえない。だが、ここで注意されたいのは、両者は必ずしもつねに競合関係にあるのではなく、補完関係になる場合もあるということだ。

「スーパーのパック寿司」と「板前の寿司」の喩え話に戻ろう。スーパーのパック寿司も、板前の技能を模倣して調理器具や作業手順マニュアルを開発し、板前の寿司よりは品質は劣っても、そこそこの品質でより安い値段で勝負する。「パック寿司」に技能を真似された板前は、「パック寿司」を品質で圧倒しなければならず、つねに新たな技能への挑戦が続く。「パック寿司」の側からすれば、板前がいなくなってしまえば、模倣するネタがなくなるので困る。板前からすれば、「パック寿司」の模倣があればこそ、能力を磨き続ける。また、「パック寿司」と板前の寿司というようにバリエーションが広がれば、消費者の寿司を食べる習慣を広げ、結果的に寿司全体への需要も高まる。このように、「パック寿司」と板前の寿司には補完関係もある。

同じことは、マニュアル依存型農業と技能集約型農業についてもいえる。マニュアル依存型農業が持続的に発展するためには、技能集約型農業で技能の維持・発展がなくてはならない。また、マニュアル依存型農業の存在が技能集約型農業における技能向上の動機づけになるだろう。さらに、営農条件が極端に悪いが景観保持などの理由で営農を

図1　農業の3類型

①趣味型農業（週末農業など）
②マニュアル依存型農業 ●「大規模」と「小規模」がある ●「化石エネルギー多投入型」と「粗放型」がある ●「有機栽培」と「慣行栽培」がある
③技能集約型農業 （総じて小規模・小資本・労働集約で技能を持つ農家による）

する必要がある場合は、マニュアル依存型農業でじゅうぶんだ。

したがって、マニュアル依存型農業と技能集約型農業のうち、どちらか一方のみがよく、どちらか一方のみが悪いといった単純な図式は成立しない。ただ、以下に詳述するように、いまやマニュアル依存型農業の増殖が激しく、技能集約型農業は消失の危機にある。いかにして、技能集約型農業を残すかが、政策の最重要課題と考えるべきだ。

厳密にいえば、マニュアル依存型農業と技能集約型農業に加えて、趣味型農業もありうる。趣味型農業とは、文字通り、レジャーとして食用の動植物を育てることだ。収益を生むことを期待せず、それどころか、むしろ農業のためにお金を使うことを楽しむというスタイルだ。いわば、サラリーマンが週末に楽しむ、日曜大工、男の手料理、釣り、絵画、と同じだ。普通、これらの楽しみを、「新たな建設業のあり方」とか「新たな飲食業のあり方」とか「新たな漁業のあり方」とか「新たな芸術のあり方」とは言わないのだが、昨今の風潮では、週末の市民農園も「新たな農業のあり方」と呼びたがっている人が多い。たとえば、二〇一〇年十二月一日放送のNHKテレビの「クローズアップ現代」では、週末農業が日本農業の今後の可能性を拓くという番組を、大学教授まで招いて報道していた。おそらく先述の「ノスタルジーの罠」があって、趣味型農業を美化しているのではないか。

趣味といっても、功をなして、お金に余裕のある人ならば、やることは大掛かりだ。元金融会社の会長で、北海道で広大な牧場や農場を買って、巨額の投資をし、若い人を雇って、どんどんお金を払っている人がいる。功なり名を遂げた彼には、それが楽しみなのだろう。この例は極端にしても、大掛かりな農業投資をして、マスコミに取り上げられるのを楽しみにしている企業幹部もいる。いわば道楽としての農業だ。

趣味を持つこと自体はいいことだからそれをとめる理由はない。お金持ちがどういう道楽をしようと、公序良俗に反しない限り、当人の自由だ。しかし、趣味型農業が将来の日本農業を支えるというのは考えがたい。

6　技能こそが生き残る道

すでに述べたように、日本農業の本来の強みは、技能の練磨だ。したがって、技能集約型農業こそが、日本農業の生き残る道だ。技能集約型農業は、農業経営の収益性という点で好ましいのはもちろんだが、社会的利益という点でもさまざまな好ましい特徴を持つ。

第一に、そもそも技能集約型農業は作物を環境に融和的に健康的に育てるので、健康増進や環境保護という点で好ましい。第二に、技能集約型農業では、土地面積当たりの労働需要が高まり、農村部の雇用拡大にもつながる。この雇用拡大効果は、脱工業化時代の日本にとって、農業のみならず社会全体の活力を高める可能性がある。

かつての高度経済成長期の工業化の局面では、人口が都市に集中し、大量消費・大量生産を進めることで経済成長を遂げた。しかし、脱工業化時代の今日にあっては、首都圏一極集中をあらため、地方文化を育てて日本社会を多様化する方が有利だ。脱工業化時代では、ソフトの開発能力が国力の浮沈の鍵を握る。ソフト開発では画一的発想の打破という創造的破壊が不可欠であり、そのためには、つねにさまざまな価値観や文化を社会に共存させておく必要がある。農作業のあり方は地域の気象や地形を色濃く反映するため、農業者は地域への意識が強くなりがちで、地域文化の担い手としても好適だ。したがって、技能集約型農業による農村雇用の創出は、農業のみならず、国内の文化の多様化を通じて、脱工業化時代の日本経済全般の活性化に役立つ。

第三に、地球温暖化による異常気象の頻発が予想される中、気象変動に強い技能集約型農業の有用性はますます高まる。しかも、技能集約型農業は必然的にバリエーションが拡がる。このバリエーションの存在は、気象による豊凶変動の緩衝になる。逆にいうと、マニュアル依存型農業ではバリエーションも少なく、気象による豊凶変動が極端に振れやすい。悪くすると壊滅に陥って、社会全体に悪影響を与えかねない。

第四に日本の耕作技能は、国際的な有用性が高い。たとえば、目下、アジアを中心に新興国で肉への需要が拡大しているが、それらの国々が必要としているのが日本の堆肥づくりの技能だ。これらの地域は中央アジアの放牧や、モンスーンアジアの役畜ないし副収入目的での伝統的な少頭飼育だったが、今後の肉需要の拡大とともに、家畜の繋ぎ飼いで密度の高い多頭飼育が増えると思われる。その場合、畜糞をきちんと処理しなければ水質汚濁などの自然環境の破壊が危惧される。また、途上国ではいまだに人口増加が続いており、可耕地が限られている中、反収を上げることが必須になっている。こういう地域では、畜糞を堆肥化して自然環境と融和的に反収を引き上げるという日本農業の耕作技能が有効だ。その上、地球温暖化の影響で世界的に異常気象が頻発していることを考えると、気象変動への耐性という点でも、技能集約型農業は魅力的だ。しかも、技能集約型農業は機械への依存度が低いので、少ない手持ち資金しかない途上国の農業者の稼得能力の向上策としても好適だ。化石エネルギーの節約という国際社会全体の課題にも合致する。

日本農業は生産の増大を目指すのではなく、耕作技能の養成を目指すべきだ。日本の技能集約型農業が育ってこそ、日本農業の強化にもなるし、日本経済全体、さらには国際経済全体にとって好ましい。せっかく日本は技能修練に適した自然条件・社会条件が整っているのだから、日本を耕作技能の発信基地化することが好ましい。将来を担う海外の農業者たちが、耕作技能の習熟のために、次々と日本に訪れるという姿が望ましい。それと同時に、日本で技能を身につけた農業者が海外に栽培指導に出向くという姿が望ましい。今日、日本の町工場で腕を磨いた技術者が海外で工場指導をしているが、それの農業版だ。

7　貿易自由化と日本農業

かつて、貿易自由化といえば、ＷＴＯ（世界貿易機関）およびその前身のＧＡＴＴ（関税及び貿易に関する一般協定）による全世界的な枠組みで議論されることも多かった。しかし、いまやＷＴＯによる農業交渉は難航をきわめており、ＷＴＯを中心として全世界的な農産物自由化が進む状況は想定しにくい。二国間でＦＴＡ（自由貿易協定）ないしＥＰＡ（経済連携協定）のような協定を結ぶか、あるいはＮＡＦＴＡ（北米自由貿易協定）やＥＵ（欧州連合）のような地域経済統合を志向するかというのが、当面の現実的な選択であろう。その際、環太平洋の先進国との農産物貿易自由化を進めるか、モンスーンアジア諸国との農産物貿易自由化を進めるかの二つの選択肢がある。

モンスーンアジア諸国の農業は総じて小規模であり、機械化も進んでいない。賃金水準の低いこれらの国々との対抗に限定すれば、日本農業の省力化が日本農業の生き残り戦略のひとつになりうるかもしれない。つまり、日本政府（およびマスコミや「識者」）が

図2　マニュアル依存型農業と技能集約型農業の比較

	マニュアル依存型小規模農業	マニュアル依存型大規模農業	技能集約型農業
(1)典型例	サラリーマン兼業の週末農業	企業の農業参入	職人的な名人農家
(2)アジアの途上国農業に対する競争力	弱い	強い	強い
(3)北米・豪州に対する競争力	弱い	弱い	強い

推進中のマニュアル依存型大規模農業の路線だ。

ただ、かりに短期的にはモンスーンアジア諸国に限定した農産物貿易自由化を進めることが可能だとしても、より長期的にみて環太平洋の先進国との農産物貿易自由化を拒否し続けるのは政治的にも経済的にも不可能だ。環太平洋の先進国といえば、米国、カナダ、豪州であり、まさにマニュアル依存型大規模農業に優位を持つ国々だ。これらの国々とまともにマニュアル依存型大規模農業で競争しても日本に勝ち目はない。なにせ、これらの国々は地形が単純で大型機械が動かしやすいし、移民などの安い労働力も手に入りやすいからだ。

マスコミや「識者」は企業の農業参入を日本農業の国際競争力の強化策として礼賛する。しかし、先述のとおり、企業の農業参入は往々にして、マニュアル依存型大規模農業だ。早晩、米国や豪州との貿易自由化が予想されるとき、米国や豪州が得意とするマニュアル依存型大規模農業の路線に突き進むのは、わざわざ将来のショックを大きくするようなもので、いわば「迎え酒」のような自暴自棄の路線だ。

この点、技能集約型農業はアジアに対しても、環太平洋先進国に対しても、優位を持つ。本章で述べたように、日本の気候・風土は技能の醸成に適しているからだ。

以上を要約したのが図2だ。貿易自由化により、日本がマニュアル依存型小規模農業からの脱却を迫られているのは間違いない。しかし、脱却後の針路がマニュアル依存型大規模農業であってはならない。貿易自由化時代に日本農業が生き残る道は技能集約型農業しかない。これからは、技能の修得への動機づけに政策を集中するべきだ（その具体策は第7章で詳述する）。

第4章　技能はなぜ崩壊したのか

1　日本の工業化と耕作技能

ここまで、日本の農業から大切な技能が失われつつあることを述べてきた。ここで読者には、次のような疑問がわくかもしれない。「技能がそんなに大切で、有用なのであれば、衰退するのはおかしいではないか。衰退するには何か理由があるのではないか」。本章では「誰がいつ技能を殺したか」についての謎を解いていきたい。

明治維新以降、国策として工業化が推進されるが、これは日本社会に労働の「商品化」を進める過程ともいえる。さらに、学校教育と軍役が、労働の「商品化」を強烈に進めたと思われる。先述のとおり、学校は近代社会が生み出したかなり特異な空間・時間の管理の仕組みだが、それは明治以降の近代的な軍制も同じだ。さらには、給食や洋服など、規格化された製品を大量消費するという欧米文化の導入にも学校や軍隊は資した。

明治維新以降の労働の「商品化」は、「玉突き」的に農業生産においても分業化・機械化を進め、技能を低下させる要因になる。しかし、少なくとも戦前期においては、四つの理由から、技能の低下はある程度、食いとめられていたと思われる。

第一の理由は、用水管理の必要上、伝統的な労働慣行が維持されたことだ。電動ポンプが未発達であった戦前では、用排水管理は人海戦術に頼らざるをえない。これを近代的な雇用契約で行うのは難しく、農業労働の「商品化」を遅らせた可能性がある。戦前期の就農人口は千四百万人程度で驚異的に安定しているが、これも用排水管理のために一定の人口を確保する必要性があったという解釈ができる。

第二の理由は、農業機械の発達の遅れだ。水田稲作は地盤が悪い環境で指先の作業が多いため、機械化が技術的に難しい。戦前期の農業機械は脱穀機など農地外での装置に限定される傾向があった。耕運機の普及でさえ戦後に持ち越されたし、コンバインなどの稲作の中型機械化一貫体系が確立するのも一九七〇年代だ。

第三の理由は、科学的知識の普及だ。先述のとおり、農業における技能の修得は、経験だけではなく、その経験を体系的に理解するための科学的知識が必要であり、戦前の初等・中等教育の普及が科学知識を向上させた。戦前期でも緩慢ながら農業の分業化と機械化が進んだ結果、若干の経験不足は生じていたと思われるが、それを戦前期の科学知識の普及が補った可能性がある。

第四の理由は、戦前期に、二毛作や養蚕など、農家が無理なく農業収入源を多様化させる技術が開発されたことだ。このため、農家が農外の労働市場に晒される機会が少なくなり、労働市場からの「玉突き」を幾分なりとも緩和したと思われる。また、やや派生的だが、養蚕は薬品処理などで基礎的な科学的知識も必要なため、この点でも科学知識の普及を加速させた可能性がある。

だが、戦後になると、これらの四条件は薄らぐ。戦後の早い時期に電動ポンプや農業機械が発達し、初等中等教育は飽和状態に達する。化学繊維の発達は養蚕を衰退させ、戦後初期の旺盛な商工業の労働需要が農村にも押し寄せる。かくして、戦後、農村社会は労働の「商品化」の波にまともに晒されることになる。必然的に、分業化と機械化が進む。

伝統的な日本の農業では、消費財であれ、中間財であれ、自家生産の割合が多かった。すなわち、自家消費用の農産物を自家生産するのはもちろんのこと、種苗、肥料、農具などの中間生産要素を自家生産していた。ところが、戦後は農業においても分業化が進む。農家は生産する作目を減らして自家消費ではなく現金収入を得るための農産物に特化する。また、中間財も購入に頼るようになる。かくして、農業者は技能を磨く機会を失う。

2 政府による技能破壊

労働の「商品化」が進んだ今日の先進国でも、条件さえ整えば、職人的な技能が保持され、継承される。だからこそ、今日の先進国でも、シェフ、板前、高級時計職人、楽器職人などといった職業が存続している。そういう職人的な技能継承が行われるためには、技能を磨くことへの動機づけが不可欠だ。辛い下積み修業に耐えて一人前の技能を身につければ、生涯、敬意を払われ、よい収入機会も得られるという確信が持てる状況を作ることが大切だ。

ところが、残念ながら、今日の日本社会では、耕作技能の修得をむしろ妨害する政策が採用されている。

典型的には、農地利用の無秩序化の助長だ。「規制緩和」や「地方分権」の美名に託《かこつ》けて、営農の意欲・能力のないものでも農地の利用権や所有権が取得しやすくなり、また転用規制も実質的に尻抜け化されている。たとえば、農業生産法人の要件は数年おきに「規制緩和」されており、産廃業者や不動産業者を含めて農外企業が農業生産法人を設立し、農地を取得しやすくしている。もちろん、まっとうな農業生産法人が多いが、転用目的での農地取得をする手段としてダミー農業生産法人を作る動きがあるのも確かだ。

また、近年、「地方分権」と称して、農地の転用許可の権限を、県知事から農業委員会に委譲する動きがある。農業委員会とは、市町村単位で設置される行政委員会で、農地行政の末端組織だ。農家を選挙人および被選挙人として公職選挙法に基づいて選ぶ四十名以下の選挙委員と、市町村長によって任命される若干名の選任委員からなる。表向きは、農地の効率的な利用を促すために農業委員会が設置されているのだが、農業委員会の活動実態としては農業よりも農地の農外転用に熱心になりがちだ。農業委員会の選挙権ならびに被選挙権は、十アールという小片の農地（電柱は三十メートル間隔で立てられているので、その間隔で真四角をつくれば十アールに近くなる）を持っていれば与えられるので、土建業や不動産業を主業としながらごく片手間で家庭菜園的な農業をしていても、農業委員の資格を満たす。農業委員会の委員長が、土建業者や不動産業者という場合も散見される。農業委員会は地元の農地所有者の集まりなので土地売却益が入って地権者が潤うならば農地転用に対しては寛大になりがちだ。その農業委員会に転用許可の権限を委譲するのだから実質的な農地転用の助長だ。

さらに、二〇〇一年に転用申請に対する事務処理を短縮化するように農水省から地方自治体に指示があった。これも、書類の形式要件がそろっていれば、転用を許可しなければならないというプレッシャーとして地方自治体は受け止めている。実際、実況見分もしないで書類審査だけで農地の転用許可を出している地方自治体もある。

また、皮肉なことに、「農地は適正かつ効率的に利用されるべき」という精神論・理念論は高まっている。たとえば、二〇〇九年の改正農地法がまさにそうだ。同法の第二条の二で「農地について所有権又は賃借権その他の使用及び収益を目的とする権利を有する者は、当該農地の農業上の適正かつ効率的な利用を確保するようにしなければならない」と高らかに謳っている。しかし、何をもって「適正かつ効率的」とみなすかは農業委員会にゆだねられているし、その農業委員会にしても「適正かつ効率的」に利用させるための法的権限が強化されたわけでもない。かりに農業委員会が違反転用や耕作放棄を見つけても、その対処には地権者の意向を尊重しなければならず、実質的には何もできないのだ（これについては、「新潟日報」が二〇一一年十一月九日から三日間連載した「亀田郷の夢はいま　平場優良農地の苦悩」が詳細に描いている）。農業委員会としては、うかつに「適正かつ効率的」でないと認定して収拾のつかない責務を負うよりは、何があっても「適正かつ効率的」だと黙認してしまおうという態度になる。

要するに、この法改正によって、農水省は、精神論・理念論として理想を掲げ、具体論は無力とわかっている農業委員会に全責任をまるなげしたのだ。このような理不尽な責任転嫁を受けた農業委員会は、とくに反発の声もあげていない。違法脱法行為の蔓延という現実の前に、農業委員会は、もはや法律の文言への関心も薄れているのではないか。

農業委員会に全責任をまるなげするのは、最近、定着しているパターンだ。たとえば、二〇〇八年に三年以内の耕作放棄地解消という目標が閣議決定されたが、具体的な解消策は農業委員会にまるなげされている。案の定、この目標は実現されていないが、マスコミも「識者」も、そのことを追及しない。農地問題は、政府もマスコミも「識者」も（そしておそらく一般大衆も）、精神論・理想論だけをしたがっていて、面倒くさい具体論には関わりたくないのだろう。農水省はなぜ転用に寛大なのか？　ひとつには、農水省の責任逃避がある。真面目に農地の保護をすれば、転用を期待している地権者や関係者から恨みを買う。土地絡みのことは、いろいろとトラブルがつきまといがちだ。不動産業者であれ、産廃業者であれ、農地を欲しがっている人がいて、そういう人たちに農地を売りたがっている農家があるというならば、禁止するよりも、認めてしまったほうが楽だ。

農水省は技能に人々の関心を向けさせないよう、あの手この手を打っている。たとえば、新規就農への補助金だ。新規就農者には年間約百五十万円の補助金が最長で七年間にわたり支給される。新たに仕事を始める人はさまざまにいる中、なぜ農業の場合だけ厚遇されるのだろうか？　これでは、「農業とは補助金をもらうこと」という意識を新規就農者にもたせるだけであり、技能を磨こうという意欲は殺《そ》がれる。

また、農水省は自給率向上国民運動を強力に推進し、食料自給率という「嵩」に議論を集中するように仕向けている。たしかに、農業者が技能を失い、消費者の関心が「嵩」に向かうのは、農水省にとってはありがたい状態だ。農業者に技能がないほうが行政としては操りやすいし、「嵩」を増やすための方策は単純（補助金の支給や国境保護など）なので政策設計も楽だからだ。

官民とも、名人の技能を分析してデータベース化しようとする動きがある。典型例としては「農匠ナビプロジェクト」が挙げられる。九州大学、企業、公立試験場が協同して、熟練者がどういう手順で作業をし、どういう判断をしているかをセンサーなどを駆使して把握し、データベース化しようとするものだ。

研究には試行錯誤が必要であり、こういう研究自体はじゅうぶんに意味があろう。その価値を貶めるつもりはない。しかし、このような研究で熟練の技能が継承されたり発展したりするということは期待しないほうがよい。本書の冒頭で、よい先生は子供を総体で把握するが、へぼな先生はチェックリストづくりに汲々としてしまうということを指摘した。同じように、本当に技能の継承・発展を願うのであれば、データベース化の努力ではなく、昔ながらの修業の機会をいかにして確保するかを考えなくてはならない。目下のデータベース化は、いわば寿司職人の技をパック寿司づくりに活かそうというものにすぎず、そのような取り組みばかりで寿司職人の養成を怠れば、やがてはジリ貧に陥るだろう。

3 農地はなぜ無秩序化したか

耕作技能において「土作り」の重要性は、すでに指摘したとおりだ。この「土作り」を阻害するのが農地利用の無秩序化だ。この背景には、以下に示すように、日本社会の構造的矛盾がある。

ここまでに指摘したことと一部重複するが、日本の農地問題の特徴を整理してみよう。問題は、下記の四点に要約できる。

第一に、効率的な水利用を行い、病害虫繁殖を防止するためには、農業者同士の緊密な利害調整が必要だ。日本の農業ではひとつの水を集落全体で共有するため、集落のごく一部でもおかしな農地利用をする者がいれば、集落全体の農業に支障がでかねない。近接する農地で害虫が繁殖すれば、周辺の農地に伝播する。「やる気のない者のことは放っておいて、能力と意欲のある者が伸びればよい」という理屈は農業ではありえない。

「能力や意欲のない者」を放っておくと、近隣の農業者が足を引っ張られるのだ。

第二に、農業生産に好適な優良農地ほど潜在的な転用需要が大きい。日本は国土が狭隘で平地が限られている。よい農地の条件は、区画が整っていて、道路へのアクセスがよく（農業機械の搬入や農産物の出荷のため）、日当たりや水はけがよいことだが、これらの条件は、住宅や商業用地の候補地としても好条件だ。優良農地に対する農外転用への潜在的需要は大きく、転用が認められれば地方部でも水田一枚（通常三十アール）で一億円に近い売却収入が得られる（営農目的であれば、せいぜい二百万円程度の価値でしかない）。

第三に、農地には環境保護という公的な価値があるため規制なり補助金なりで保護する必要がある。農地の保水力は洪水を防ぐし、蛍などさまざまな稀少動植物の棲息の場を提供している。ただし、環境保護の効果の大きさは、農地によって異なる。たとえば、よく管理されたまとまった水田は、環境保護の効果が大きい。逆に、山間の傾斜地で終戦直後に無理して開拓したような農地などは、計画的に植林したりして山に戻すほうが環境保全の効果が大きい場合もある。

第四に、土地は計画的に利用されるべきという一般論には合意できても、具体的にどういう計画がよいのかは、個人差が大きい。農業地帯と非農業地帯を区分けした方が、農業にとっても非農業にとっても有益なのは自明だ。しかし、農地をどの程度確保するべきかは主観的な部分があり、個人差が大きい。

この四つを見渡すと、解けないパズルのようだ。環境保護のため農地を守らなければならないが、よい農地ほど潜在的な農外転用の圧力が強く、地権者も転用収入の魅力に惹かれる。また、効率的な農地利用のためには農業者同士の結束が必要だが、この結束が農地利用の効率化のためではなく、農地を転用するための政治的圧力を高める目的で使われる可能性もある。個々人によって農地に関する価値観が異なるのをどうすりあわせればよいのかが難問だ。

このような複雑な農地問題を解決する方法は難しい。単純な農地所有や利用の自由化では事態が悪化するのはあきらかだ。めいめいが勝手気ままな土地利用をすれば共倒れになるのは自明だ。

計画経済社会ならば為政者が土地利用計画をトップダウン的に強制するという方法も考えられるが、自由主義社会ではそれは馴染まない。そもそも、それぞれの土地がどういう特徴を持っているかは、実際に当該の地域で暮らし、農業をしている人たちでなければわからないことが多い。行政や「識者」が机上論的に土地利用計画を書いても、的外れに終わるのがオチだ。

ＪＡが強かった時代には、ＪＡが集落の秩序の番人の役割を果たしてきたので、それなりに農地の利用に秩序はあった。あまりにも無茶な農地利用（あるいは農外転用や耕作放棄）をしないよう、ＪＡが監視してきたのだ。ただし、ＪＡが秩序維持の役割を果たすことに法的根拠はなく、単なる慣習だ。経済団体にすぎないＪＡに秩序維持の役割を期待するのはそもそも無理があり、いずれは破綻する運命にあった。

一九九〇年代以降、ＪＡの弱体化とともに、ＪＡの監視は無力化し、秩序の番人の役割が果たせなくなった。いまや農地利用は歯止めのない無秩序化が進んでいる。第1章で指摘した市民参加民主主義の欠如という日本社会の積年の矛盾が、表面化したのだ。

4　放射能汚染問題と耕作技能

第1章のAさんの例でもわかるように、技能の高い農業者は作物の話が好きだ。逆にいうと、作物以外のことで話題が多い農業者は、たいがいの場合、耕作技能が低い。演出やら宣伝やら補助金やらを気にしているようでは農業者の技能は失われる。

そういう意味で、原発事故以降の東北・関東の農業者には大きな危惧を抱いている。彼らは放射能汚染問題（風評も含めて）を気にしており、一度その話になると、止まらなくなる。

彼らの懸念はもっともだ。一年以上経っても、放射能汚染で出荷停止になる事例が発生している。風評も含めれば相当な長期戦を覚悟しなければならない。海外への輸出も厳しい。中国のように放射能汚染の危惧を理由に東北からの農産物を輸入規制している国もある。そういう規制がなくても、海外の消費者から敬遠され、被災地の農産物には買い手がつかない場合もある。

国の基準値以下の低線量の放射能汚染を受けている地域の農業者は悲惨だ。基準値以下なので補償の対象にもならない。しかし、汚染されているのだから消費者は敬遠する。汚染の事実を隠すこともできるかもしれないが、消費者に対して正直でありたいという良心的な農業者ほど苦悩することになる。

放射能汚染自体も深刻な問題だが、汚染されているかもしれないという危惧だけで、農業者は耕作に対する集中力を失う。これは、技能集約型農業の存立を脅かす。二〇一一年三月、地元の小学校の給食向けに良質の野菜を作っていた農業者が、畑地が放射能汚染されたことを苦に自殺するという痛ましい事件があった。放射能汚染（風評被害も含む）の打撃は、「土作り」に何年も費用と労力を費やしてきた農業者ほど大きい。新たに「土作り」をしようにも、堆肥の原料の畜糞やバーク（樹皮）などに放射能があるかもしれないという危惧がある。やや厳しい言い方をすれば、東北・関東の技能集約型農業は瀕死状態かもしれない。

本来ならば、優れた技能を持つ農業者は、放射能汚染の心配のない地域への移転も考えるべきだ。しかし、ここでも日本社会に蔓延する「ヨソ者排除」の風潮が移転を遮る。農村にはヨソ者にはよい農地は貸し出さないという傾向が強い。被災地から移住してきた子供が学校でイジメにあっているという報道が散見されるが、ヨソ者に対して陰湿なイジメをするのは大人でも同じであり、大人の場合は巧妙でわかりにくいだけだ。非被災地の住民は、「被災者は被災地での復興を願っている」というストーリーを好むが、「被災者が移住先を求めている」というストーリーを嫌う。前者のストーリーであれば、非被災者は自分の利益を直接侵害される心配はないが、後者のストーリーであればどの非被災地で被災者を受け容れるかという不愉快でリアルな話になってしまうからだ。マスコミや「識者」も、なるべく前者のストーリーで落着させたがる。

皮肉なことだが、東北や関東で農業生産量を増やすのは簡単だ。マニュアル依存のへたくそ農業を誘い入れ、宣伝や補助金で支えればよい。マニュアル依存型農業では農産物の品質を高めるのは難しいし、自然環境にも有害になる可能性があるが、天候さえ悪くなく、ひたすら化石エネルギーを投入しさえすれば農産物の量を確保することはそんなに難しくない。マニュアルどおりに農作業をするだけだから、放射能汚染の可能性があろうとなかろうと生産には影響が出ない。宣伝や補助金などの支援が受けられるならば、ますます化石エネルギーを投入して、どんどん増産できる。

そういう皮肉なシナリオはじゅうぶんにおこりうる。マスコミや「識者」は、この際、被災地で企業による農業参入を促進せよと主張しているし、政府もその方針だ（先述のとおり、企業は耕作技能が不足しがちで、マニュアル依存型農業になりやすい）。また、瓦礫撤去などのために大型特殊自動車の免許を取得した元漁師などが、瓦礫撤去などの公共事業が終わった後の職場として、マニュアル依存型農業は魅力的に映るかもしれない。放射能汚染の影響が少ないからと植物工場を建設する動きもみられるが、これもまたマニュアル依存型農業だ。

つまり、このままでいけば、技能集約型農業が崩壊するものの、マニュアル依存型農業の増長によって、結果的に津波被災地や放射能汚染地域での農業生産量の増大さえありうる。しかし、マニュアル依存型でコストがかかって品質も大したことのない（それどころか、もしかすると低品質で環境にも有害な）農産物をたくさん作ることにいったいどんな社会的意味があるのだろうか？

しかも、企業によるマニュアル依存型農業は化石エネルギー多投入で労働節約的になりやすい。福島に原発が建設された背景には、東北が過疎化する一方、首都圏に人口が集中し、首都圏の巨大なエネルギー需要を賄う必要に迫られていたという事情があったことを忘れてはならない。化石エネルギー多投入を反省し、地方で雇用を生まなくてはならないときに、マニュアル依存型農業を増長させるのは、福島原発の事故の教訓を忘れた愚かな方策だ。

放射能汚染問題はきわめて深刻で、簡単な解決はない。被災者の苦労を見るにつけ、早急な復興を願って、解決策を急ぐのは心情論としてはわかる。しかし、だからといって、やみくもな農業支援をしたのでは、耕作技能を死滅させ、事態はより悪化する。当面の被災者の苦労には生活支援で対応しながら、農業という産業をどう復興させるかは、拙速を避けて根底からじっくりと考える必要がある（本書の提言は第7章で示す）。

第5章　むかし満州いま農業

1　沈滞する経済、沈滞する農業

本書ではここまで、日本における農業論の大半が、ムードやイメージに支配されたものだということを、さまざまな形で指摘してきた。もちろんいかなる分野においても、ムードやイメージが議論に一定の影響を与えることを完全に排することはできないのだが、それにしても農業では、その度が過ぎる。なぜそのようなことになったのか。そしてその傾向が近年是正されるどころか強まっているのはなぜか。本章では歴史の視点から、真実が捻《ね》じ曲げられていく構造について考えてみたい。

おそらく、日本人が好景気を実感していたのは、一九八〇年代後半の大型景気が最後だろう。この時期はバブル景気と呼ばれ、土地も株もどんどん値上がりし、高級品が飛ぶように売れ、企業は好業績を背景に強気の投資計画を打ち出し、積極的に雇用を増やした。しかし、一九九〇年代初頭に景気が後退に向かうや、一時的に景気が盛り返すことはあっても、なかなか成長が持続できない。この二十年間の日本経済は、しばしば「失われた二十年」と称される。この間の実質経済成長率は平均して年率一%にも満たず、主要先進国中で最低だ。

日本とは好対照に、中国はじめ近隣のアジア諸国では、この二十年はまさに経済が躍動してきた。とくに中国の躍進は目覚ましい。二〇一〇年にはGDP（ドル換算）で日本を凌駕して世界第二位の経済大国となった。軍事力やスポーツ・文化の面でも中国は国力増強・国威高揚が目覚ましい。中国だけではない。巨大な人口を抱えるインドや、経済的にも政治的にも統合を強めているアセアン諸国も、成長経済圏として世界から注目を集めている。WTOなど国際的な交渉でも、中国、インド、アセアン諸国といったアジアの隣国たちの存在感が高まっている。それと反比例するように、日本の影が薄まっていく。

かつての日本の勢いはどこへ消えてしまったのだろうか？　いつになったら好景気が

来るのだろうか？　このまま、日本は国際社会でも存在を小さくしていくのだろうか？日本には、そういう閉塞感が充満している。

日本経済全体が沈滞しているが、農業の沈滞はさらに甚だしい。稲作の反収でもコメの品質でも、長らく日本はアジア随一だったが、いまやアジア諸国から猛追を受けており、もはやかつてのような圧倒的な優位は失われている。農業保護額が農業の純付加価値を上まわっており、計算上は日本から農業がなくなれば国民所得が増加するという異様な状態だ。しかも、工業製品の場合はすでに関税がゼロに近くなっているのに対し、主要農産物はこれから大幅な関税削減が見込まれる。今後、農業は商工業以上に苦境が予想される。

また、日本人が肉体的にも農業労働に耐えられなくなっている。いまや大規模農家にとって、外国人労働者は不可欠の存在になっている。目下、数万人の単位で外国人が、「研修」や「技能実習」の名目で農業に従事している。比較的自由に国内で就業できる日系の外国人や、不法に働く外国人を入れれば、この数字を大きく上回る。大規模農家が外国人を雇うのは、彼らの賃金が安いからではない。外国人を雇うためには、現地に渡航したり、仲介業者に取り次ぎを依頼したりしなくてはならず、それらの経費を考えれば、外国人は決して安い労働力とはいえない。それでも、大規模農家が外国人を雇う理由は、単純に、日本人では農作業がつとまらないからだ。

高原野菜で有名な長野県川上村は、かつては夏休みの農業アルバイトで多くの大学生が集まった。いまや、農業アルバイトをしたがる大学生はほとんどいないし、川上村の農家も、日本人を雇うのを嫌う。日本人は少しでも労働がきつくなると辞めるからだ。たしかに、都会のコンビニで深夜店員でもすれば、きれいであまり体を動かさなくとも時給千円ぐらいを得られる。それに比べて、高原野菜では早朝から朝露に体を晒して力仕事をしなければならないから、いまの日本人には辛い。

高度経済成長期以降に生まれた日本人の大多数は屋外で遊ぶ経験も少なく、人為的に保護された環境で育っており、よく言えば「繊細」、悪く言えば「ひ弱」だ。他方、農業の現場では力仕事があるし、家畜の糞尿の処理や、農薬散布など、不快な作業も多い。それに耐えられる日本人は少ない。

このように、経済環境・社会環境を冷静にみるに、どこをどう切り取っても日本農業は出口の見えない長い低迷を続けていると言わざるをえない。だが、そのことは農家が貧しいことを意味しない。それどころか、農家は総じて経済的に恵まれている。一般に農家というと農業を主たる生計にしているかのようにイメージされがちだがそうではない。

先述の通り、日本の農家の多くは、農業以外で安定的な収入を確保している。農家の平均所得水準は同年齢世代の非農家の平均所得水準を上回っているのだ。マスコミなどは、たいがい農家を善良な弱者に見立てる傾向があり、しばしば「農業では食っていけないからやむをえず兼業に出る」という言い方がされる。しかし、実態としては「安定的な農外収入があるから農業で食っていく必要がない」というほうが正しい。農地は固定資産税も相続税も極端に軽い。持っていてソンはない。都市の勤労者や高齢者は、マイホームさえ持てずに毎月の家賃を支払って生活せざるをえないのに比べて、農家は都市住民なみの農外収入があるうえに家も土地も所有しているのだから、恵まれている。

2 農業ブームの不思議

このような日本経済の沈滞と、農業の空洞化の中、珍妙な現象が現れた。それは、農業が成長産業としてマスコミで熱烈にもてはやされたのだ。この傾向は一九九〇年代の終わりごろから、ビジネス誌で始まった。たとえば、一九九九年五月三日号『日経ビジネス』の特集記事、〝「農」と言える日本〟だ。ここで編集者は「企業にとって農業ビジネスは二十一世紀に残された数少ない『宝の山』の一つといえるだろう」と書いている。

二〇〇〇年代に入るや、「食育」や「地産地消」という言葉が消費者の間で流行し始める。野菜を買う時に、国産品、中でもとくに地元産、の農産物を買うのが「意識の高い」消費者の証明だと認識される傾向が表れ始めた。生産者の顔写真が貼られていたり、「減農薬」とか「有機栽培」などといった能書きが書かれていたりすればさらにもてはやされた。これとほぼ機を同じくして全国各地で直売所がブームとなった。大規模スーパーと見間違うほど大規模なものから、個人経営の小規模なものまで、さまざまな直売所が設立された。

このような素地に立脚して、二〇〇八年ごろから、マスコミでは、農業で夢物語を描くのが一大ブームになった。象徴的なのが「BRUTUS」（二〇〇九年二月十五日号）だ。トレンドに敏感な雑誌とされる「BRUTUS」が農業特集を組んだ。若者から熱狂的に支持を受けている佐藤可士和氏がデザインしたファッショナブルな誌面で、楽しい農業を演出した。

いまも本屋に行けば、「農業をはじめよう」だとか、「農業は成長ビジネス」だとか、「奇跡の農業」だとか、「農業は心のふるさと」だとか、夢いっぱいのタイトルが並ぶ。週刊誌・月刊誌を問わず、農業特集は花ざかりだ。若者の新規就農、企業の農業参入、地産地消、など、楽しい話題に満ち溢れている。

象徴的なのは、ファッション雑誌における農業の扱いだ。「農ギャル」と銘打って、農作業風の衣装を誇らしげに纏う女性をとりあげた。また、若い女性に見よう見まねで稲刈りのマネゴトをさせ、その農場で穫れたコメがシブヤ米としてマスコミでも取り上げられて大々的に売り出されたのはすでに述べた通りだ。

農業を題材にした夢物語は実にバラエティーに富んでいる。農薬や化学肥料を使わない粗放農業こそが、自然の摂理に沿った安全安心な農産物だと語られる場合もある。その真逆で、建屋を作って外界から隔離された環境にし、人工の光熱や水質管理をしたハイテクの野菜工場こそが、未来の農業だと語られることもある。若者の就農が褒めそやされることもあれば、老後の悠々自適な農業が褒めそやされることもある。ナマで食べる野菜が褒めそやされることもあれば、さまざまに加工された野菜が褒めそやされることもある。脂肪分の多い肉がホンモノの味とかいって褒めそやされることもあれば、脂肪分が少ない肉が健康的とかいって褒めそやされることもある。いまや、農業に関わるものならば何でも褒めそやされる（ただし、現場で外国人が農業を支えていることについては、褒めるどころか、最初から話題から外されがちだが）。

実際、食料・農業問題を考えると銘打ったシンポジウムが各地で開かれる。植物工場、バイオエタノールなど、夢のような技術を語ることもあれば、昔ながらの有機農業への憧憬が語られることもある。伝統芸能・伝統食などの文化や学校の課外活動など教育に関連づけて農業が語られるときもある。どういう話題であれ、農業の話で花が咲き、パネリストも聴衆も心地よい高揚感とともに会場をあとにできる。

テレビや新聞は、「中国で日本の農産物が大人気！」といった報道を頻繁に流す。そして「日本農業のレベルは高く、他国の追随を許さない」と誇らしげに解説が付される。商工業の不振が長引く中、「農業」は明るい話題を提供できる数少ない〝ネタ〟であり、各方面が農業にかける期待が膨らむ。

このような風潮に企業も政治家も機敏に対応する。日本農業を褒めることで、政治家・企業としての善良さをアピールできる。政治家の農場訪問や、企業の農業参入は、都市住民への強力な宣伝効果を持つ。

逆にいうと、日本農業について否定的なコメントをする人間は悪人（戦前でいう「非国民」）とみなされかねない雰囲気だ。皆がせっかく農業で夢物語をしているのに、農業の現実を語るのは無粋ということになる。しかし、夢物語をいくら盛り上げても、農業の実態から離れていくばかりだ。

農業ブームは情報に基づいて思考し客観的に判断されたものではない。各人各様に自分の好みに沿って「使える」情報を拾い集めて作られた虚構の集合体と言ってよいだろう。本書で繰り返し指摘するように、農地の無秩序化、耕作技能の低下など、日本農業の現状も将来展望も暗い。しかし、農業で夢を描くことが目的化し、都合の悪い情報は存在しなかったことにして、農業ブームが捏造されたのだ。

3　満州ブームの教訓

農業の実態が崩壊しているのに、虚偽の農業ブームが盛り上がるのはなぜなのだろうか？　この問いを解くカギは、戦前期の満州ブームとの類似性にある。当時も、日本社会は閉塞感の中にあり、逃避行的に人々が満州での新生活を夢想した。

もう少し丁寧に戦前期の経験を振り返ってみよう。一八八〇年代前半の松方デフレを乗りきったあと、一九二〇年までの日本は、比較的順調に国力を伸ばしてきた。繊維など軽工業が勃興し、所得水準は着実に上昇した。日清・日露・第一次世界大戦と連勝し、関税の自主権も回復した。第一次大戦直後の日本は空前の好景気で、成金の豪遊が世間の耳目を集めた。当時の日本は、アジアでいち早く「一等国」の仲間入りをしたという自負に満ちていた。

ただし、この経済成長は、基本的には、繊維など軽工業の技術を欧米から模倣することで実現できたことに注意しなくてはならない。軽工業は、比較的少ない資本で創業でき、技術的にもさほど難しくはない。これに対し、造船や鉄鋼業のような初期投資も大きい重工業は、要求される科学技術のレベルも高く、いくら欧米に雛形があるといっても、その模倣は容易ではない。また、重工業は港湾や発電所などの社会的インフラを必要とする点でも、軽工業とは異なる。

しかし、軽工業だけでは経済構造の厚みがなく、いつかは成長の限界に達する。また、重工業は近代兵器の供給能力でもあり、国防上の必要性もある。

戦前の日本の場合、一九二〇年ごろには、軽工業から重工業への脱却を迫られていた。

おりしも、第一次世界大戦直後は、欧州が戦災で疲弊しているのに便乗して造船や自動車製造などの重工業化が開始された。

しかし、この重工業の勃興後は、日本経済は苦境の連続となる。反動恐慌（一九二〇年）に始まり、大正十一年恐慌、金融恐慌、とたて続けに恐慌に襲われる。この長期不況の原因はさまざまだが、要するに、当時の日本は重工業化を完遂するだけの実力を伴っていなかった。欧州が第一次大戦の痛手から回復すれば、日本製品の競争力不足が露呈し、国際市場で売れない。しかし、重工業の場合は一度、投資を始めたら、後戻りできない。港湾だの発電所だのといった社会的インフラに投資してしまった以上、生産を続けなければ、それまでの投資も無駄になってしまう。また、重工業の場合、大量生産すればするほど、生産物一単位当たりの費用が節約できるという特徴がある。経済学でいう「規模の経済」だ。つまり、重工業の場合は、後戻りが難しく、経営が苦しくても、生産量を増やし続けないと、ますます生産効率が悪くなる。かくして、過剰生産が慢性化し、不景気も長期化する。

この閉塞感を打開する手っ取り早い方法が、保護貿易と軍事的拡大だ。輸入制限をして、国内市場から欧米先進国の製品を締め出せば、そのぶん、国内企業に売り先を確保できる。さらに、朝鮮・台湾・満州へと軍事進出し、それらの植民地で欧米先進国からの輸入を遮れば、日本製品の売り先が確保できる。

しかも、植民地の確保は、安い食料の調達という点でも、重工業には魅力的だった。重工業化によって都市部に肉体労働者が住むようになる。彼らは、食料を買って生活する。重工業製品をより安く作るためにも、肉体労働者の賃金を低く抑えたい。そのためには、安い食料が調達できればありがたい。かくして、日本は植民地に重工業製品を売りつけ、植民地から食料を買いつけるという構造ができあがる。

しかし、植民地からの安い食料の流入は、重工業には有利だが、国内農産物価格の低迷をまねき、農業には不利だ。実際、一九二〇年代以降、平均所得の農家と非農家の格差が拡がった。重工業化の苦しみは、農業にも波及したのだ。

「一等国」の自信から一転して長期不況に陥ると、人々は劇的な治癒を政治に期待するようになる。おりしも、民政党と政友会の二大政党の体制下で一九二八年に普通選挙が導入され、民意による政権交代が可能となった。このような状況で、大衆は急進的な経済改革を唱える論者を支持するようになる。その典型が井上準之助だ。

井上準之助は民政党の浜口雄《お》幸《さち》内閣で大蔵大臣に就任し、公務員給与の引き下げや銀行の不良債権の処理など、さまざまな急進的な経済改革を手がける。井上準之助は多弁でパフォーマンスに長《た》けていた。その主張は原理原則主義で、官僚の抵抗にも臆することがなかった。

井上準之助の改革の中でも核となるのが旧平価での金本位制への復帰だ。第一次大戦によって他の先進国と同様に日本は金本位制を停止するが、一九二〇年代に欧州各国が金本位制への復帰をしていた。日本もそれに倣って金本位制に復帰するべきという主張だ。しかも、井上準之助は、金本位制復帰に際しては、第一次大戦前の日本円と金の交換比率を適用するべきだと主張した。これが旧平価の意味だ。

第一次大戦後の日本のインフレを考えれば、当時の日本円の価値は下がっており、旧平価の半分ぐらいで評価するのが妥当だったはずだ。つまり、旧平価での金本位制への復帰は大幅な円の切り上げを意味する。ちょうど今日でも円高になるたびに輸出産業の業績が悪化し、景気が悪くなるように、旧平価での復帰は景気後退をもたらす可能性が高い。だが、人々には、第一次大戦の頃までは日本経済は順調だったという記憶がある。旧平価での金本位制復帰は、その頃に戻れるかのような錯覚を人々に与えたのだろう。

経済学的には、井上準之助の主張にそれなりの根拠はある。つまり、世界経済の一員として、金本位制への復帰は、通商を活性化させるだろう。また、円を過大評価すれば景気後退はあるだろうが、それを契機に、前近代的な企業や商慣行を一掃し、資金を近代産業に集中すればよいという考え方も、少なくとも理論上は成立する。このように、井上準之助の主張は、市場経済の競争メカニズム信奉に近い。

一九二九年に政権を奪取した民政党は井上準之助を大蔵大臣に据えた。同年秋の「暗黒の木曜日」以降、世界経済は長期不況に向かうが、井上の姿勢は揺るがない。井上は一九三〇年一月をもって旧平価での金本位制への復帰を敢行する。その直後から、輸出不振による景気後退がおこる。当時の日本の輸出は半分が生糸並びに生糸関連産業だったから、養蚕を主たる現金収入源にしていた農家は大打撃を被った。

この金解禁後の景気後退は、金解禁ショックといわれ、これによってひきおこされた恐慌を昭和恐慌と呼ぶ。普通選挙が導入され、閉塞感打破を急進的改革者に期待したものの、景気はさらに悪化したわけだ。これでは社会の閉塞感はますます深まるばかりだ。

一九三〇年代の満州ブームはそういう流れの中で生まれた。一九三二年に満州国が建国された。満州国は「王道楽土・五族（日・満・漢・蒙・朝）協和」を謳うなど、少なくとも表面上は理想的な多民族国家を目指した。日本政府は、一九三六年、二十年間で百万戸、五百万人の移住計画を打ち出した。

当時の日本社会で、満州は数少ない明るい話題だった。左翼も右翼も、人道主義者も暴力的革命主義者も、各人各様に、満州で夢を描いた。しかし、どこまでいっても、満州夢の国論は、現状逃避でしかない。いまから振り返ってみると、虚構の満州ブームが盛り上がれば盛り上がるほど、満州は破滅への道を突き進んだ。山室信一京都大学教授は、満州を「ユートピアの無惨な失敗」と表現している。

日本が直視するべき現実とは何だったのか？　一九二〇年代以降の経済不振は、軽工業の段階から重工業の導入の段階に移行したことに対し、当時の日本は準備ができていなかったことを表している。準備不足は三つの点で深刻だったと思われる。第一は、金融システムの不備だ。重工業化のためには長期資金が不可欠だが、当時は銀行倒産が頻発しており、安定的な長期融資が難しかった。第二は、人材不足だ。重工業を受け入れるだけの科学知識を持った人材が不十分だった。第三は、貧富の格差に対応する社会システムの不備だ。どういう社会でも貧富の差は発生するが、それが社会の許容範囲を超えると、破壊や犯罪などの反社会行為を助長し、経済はもちろん社会全体を不安定化させる。第一次大戦前は地方の地主や名望家が地域経済全体に積極的に関与し、弱者救済的な活動もしていた。軽工業は地方分散的な産業であり、そのスポンサーにあたる地主や名望家にとっても地方の安定が直接的な利益になったのだ。しかし、重工業化に伴い、地主や名望家は、都市の重工業に出資先を変え、さらには都市へと移住していく。こうなると、地方での弱者救済の役割を果たす者が不在となる。重工業においては継続的に巨額の投資が続くため、富の偏在が起こりやすい。それなのに貧富の差の解消システムがなければ、社会の風紀が乱れ、暴力的ないし短絡的行動に傾きやすくなってしまう。

第一次大戦前はよかったと回顧しても仕方がない。時間はかかるが、金融システムを再編し、人材を養成し、新たな時代に即応した弱者救済システムを構築するよりほかには、抜本的な解決はなかったのだ。

しかし、当時の日本社会は逃避行に走ってしまった。満州で夢の国を空想して気を紛らわした。そのあげくが、破滅的な結末だ。

4　満州ブームと農業ブームの類似性

七十年時計の針を進めると、興味深い共通点が見いだせる。ちょうど一九二〇年の反動恐慌あたりを境にして、軽工業の段階から重工業の導入段階へと移行したのと同じように、一九九〇年のバブル崩壊あたりを境にして、日本は経済成長メカニズムの移行を迫られる。第二次大戦後、一九八〇年代まで日本は高い経済成長を遂げたが、基本的には欧米の重工業の模倣とみることができる。戦前は、投資不足、人材不足、所得格差是正システムの不備のために、重工業化に失敗したが、戦後にはそれらに対する準備が、一応できていた。第一に、独特の金融行政により、政策的に大型の長期資金を作り出すことに成功し、企業の大型の設備投資や政府による社会的インフラ整備が進んだ。第二に、一九二〇年代に始まる高等教育投資がようやく結実し（学校教育を受けても社会に出るまでは年月を要するし、まとまった人口にまで蓄積されるまでにはさらに年月がかかる）、先進国の科学知識を理解するだけの人材が一定程度、社会に形成された。第三に、五五年体制の下、自民党を通じて、農家や中小企業を保護するシステムが構築された。

しかし、模倣のネタがなくなれば、それ以上の成長はできなくなる。その限界が来たのだ。寺西重郎・日本大学教授はじめ、多くの経済史家は一九九〇年ごろが、模倣型成長の終焉とみなしている。

模倣が終わったならば、自前で、新たな技術を生み出さなくてはならない。ところが、そうなると、高度成長を支えたシステムが、かえって足かせとなる。具体的には以下の三つの点が挙げられる。

第一に、従来型の長期資本の存在だ。新たな技術を生むためには、単純な長期資本では役に立たず、ベンチャーキャピタルのようなリスクを承知で機敏に動ける資金のほうが必要になる。

第二に、戦後の大学教育のありようだ。従来、工学部修士課程のような実践的なコースを除いて大学院があまり重視されず、革新的なアイディアを生む人材の育成には熱心でなかった。たしかに模倣型の成長が続くときは、先進国のアイディアを理解するという受身の立場だったから大学院を軽視しても問題はなかったし、むしろ学部卒のほうが「つぶし」が利いてよかっただろう。しかし、それでは、とっぴな発想を育むことはできない。

第三に、中小企業や農家の存在だ。彼らは、もはや弱者ではなくなった。このため、自民党による所得再分配は、弱者救済ではなく、単なる支持者への利益誘導になってしまい、貧富の格差を埋める効果がなくなった。このように、バブルの好景気に熱狂して、大多数の人々が気付いていないうちに、日本社会は、システムの転換が迫られていたのだ。

バブルの崩壊は、その七十年前の反動恐慌と同じような日本社会の困惑の始まりだった。一九八〇年代まで、日本は世界の注目を集め、一九八〇年代はジャパン・アズ・ナンバーワンが流行語になっていた。しかし、その後は「失われた二十年」という長い不況にあり、ジャパンパッシングという言葉が生まれるほど、日本は自らの経済力に自信を失っている。自信満々から自信喪失へという転換は、まさに七十年前の状況と似ている。

この閉塞感の中、政権交代可能な小選挙区制が衆議院議員選挙に導入された（一九九六年）こと、その結果、パフォーマンスに長け、急進的で市場原理重視の提唱者とされる小泉純一郎氏が登場するのもよく似ている（改革者の名前に「じゅん」がつくのも、偶然とはいえ、よくできた符合だ）。

井上準之助の改革が所得分配の不平等化をもたらしたのと同様に、小泉純一郎氏の改革も、格差を生んだだけだと人々の多くは認識した（もっとも、小泉改革が所得分配の不平等化をもたらしたといえるかどうかは、統計的には立証されていないのだが）。強力な改革者が閉塞感を一気に打破してくれるという希望も霧散し、いわば逃避的に農業で夢想するのが社

図3　「満州ブーム」と「農業ブーム」の類似性

●日清、日露、第一次大戦→「一等国」の自信	●「ジャパン・アズ・ナンバーワン」の自信
●1920 反動恐慌	●1990 バブル崩壊
●1928 普通選挙	●1996 小選挙区制
●1929 井上準之助蔵相	●2001 小泉純一郎首相
●1930 金解禁	●2005 郵政解散
●1931 満州ブーム	●2008 農業ブーム

共通パターン：絶好調（自信満々）→長期不振→急進的改革者への期待→現状逃避的な夢物語

会の流行になったのではないか。こう考えると、戦前の満州ブームと今日の農業ブームはまさに相似だ。

いまや労働力人口にしめる農業の割合は三％程度で、多くの日本人にとって農業は未知の分野だ。また、農業には牧歌的イメージがあるので美化したストーリーが作りやすい。ちょうど満州が未知の大地であったがゆえに、空想を膨らませられたのと同じだ。

製造業の製品が規格化されており品質の差が客観的に出るのに対し、農産物では規格化が進んでいない分、「日本産は世界一」という類の真実とは異なる評価もウソがばれにくい。商工業に比べて農業は会計基準も不鮮明で、収益状態もわかりにくい。したがって、儲かっていなくてもあたかも儲かっているかのように話したとしても（あるいは儲かっていても儲かっていないかのように話したとしても）反証されにくい。このように、農業は逃避的な夢物語を展開するには恰好の対象だ。

満州ブームを振り返るにつけ、マスコミ（いわゆる「識者」を含む）が、大衆におもねって間違った「常識」を作り出してしまうことに気づかされる。満州ブームの末路がどうなったかは繰り返すまでもない。「過去の悲惨な歴史に学ぶ」という言葉の意味を日本人は取り違えてはいないか？　ともすると、この言葉を、「戦争をしてはいけない」という意味に限定しがちだ。しかし、本当に学ぶべきことは、マスコミや「識者」がしばしば大衆に迎合して虚構を描き、危険な幻想が社会に歯止めなく拡張しうるということではないか。歴史に学ぶというのならば、虚妄に満ちた「農業ブーム」の夢から脱し、厳しい現実を直視するべきだ。

第6章　農政改革の空騒ぎ

1　ハイテク農業のウソ、「奇跡のリンゴ」の欺瞞

ある程度、お金と地位を得た人間は、マスコミに出たくなる。ちょっとした企業の重役がまさにそうだ。自分の取り組みをテレビや新聞で紹介してもらいたくなる。大衆の前で「講釈」を垂れたくなる。

二十年くらい前までは、そういう重役たちは、自社製品の優秀さとか、自社に対する国際的注目度とか、いろいろと自慢するネタがあった。ところが、日本経済が沈滞する中、そういう自慢のネタを持っている企業は少ない。そうすると、ちょうどかつて日本企業のトップたちが満州進出の夢物語に興じたように、何か作り話でもいいから夢が見

たくなる。それが農業だ。いまや、農業が企業の参入によって活性化するというストーリーをマスコミが描き、マスコミに取り上げてもらいたくて企業が農業を語るという茶番劇ともいうべき状況だ。ここ数年の経団連は農業提言がとてもさかんで、農業に関することであれば何でもかんでも美化する傾向がある。

企業の重役たちがとくに大好きな話題が植物工場だ。人工光と水耕栽培で農作物を育てるというハイテク農業だ。自然光を遮蔽して給餌も完全にコンピューター制御するという「ブロイラー工場」があるが、それの作物版が植物工場と考えればよい。植物工場の見学は農業に関心を寄せる「意識の高い」財界のリーダーたちの間で大人気という。

しかし、この類の野菜工場の試行錯誤は、四十年前からあったものだ。成功している例もあるが失敗例も多い。いかんせん、植物工場はコストが嵩む。無料で降り注ぐ太陽光を使わずに、わざわざ費用をかけて化石エネルギーを使うのだから、実験的に試行するならともかく、商業ベースにのせるのは難しい。華々しく植物工場をオープンさせ、あっけなく破綻し、残骸をさらして地域の迷惑になっているという例は多い。たとえば、下記のようなオムロンの植物工場の失敗がある。

【……東京ドームの一・五倍（七・一ヘクタール）あり、東洋一と言われたガラス温室。

制御装置大手のオムロンが一九九九年に稼働させ、「糖度の高い高品質トマト」をうたいましたが、わずか三年後に撤退。引き継いだ宮崎県の造林企業の田園倶楽部北海道も昨年十二月に倒産し、従業員（最高時約百人）は全員解雇され、トマト三十五万本が放置されました。……】（「しんぶん赤旗」二〇〇九年五月十六日）。

この類の事例は跡をたたない。「コスモファーム・フロンティア江刺」は、二〇〇四年五月に、岩手県と奥州市の補助金（設備投資補助金五四〇〇万円）のほか、岩手県内外の十数人が出資し、五億五〇〇〇万円を投じて植物工場を建設したものの、わずか一年半で破綻した。参入時は、大規模な赤色ＬＥＤの採用で耳目を集めたが、原則五年の操業義務がありながら破綻し、わずか三二〇六万円で競売に掛けられている。

植物工場の経営状態を大掛かりに調査した報告書として、野村アグリプランニング＆アドバイザリー株式会社による『植物工場のビジネス化に向けて』（二〇一一年七月）がある。これによると、単年度で黒字化しているのは十六％にすぎず、初期投資の大きさに見合っている事例は皆無と結論している。

ビジネスに試行錯誤はつきものだから、植物工場が失敗したとしても、それ自体はとがめられることではない。逆に成功したとしても、それを賞賛する必要もない。むしろ、財界のリーダーたちが植物工場に興じることが、満州夢の国論にも似た危険な臭いがする。

マスコミの植物工場礼賛には唖然とする。二〇一二年三月二十五日付「日本経済新聞」朝刊十一面に、植物工場を礼賛する署名記事が出ている。コスト問題も克服できて輸出産業になりうるという。その記事の中では、三菱総研の研究員が、植物工場にする場合は農地転用の扱いにしなくてもよいように規制緩和するべきというコメントを寄せている。

ところが、この記事が掲載される直前の三月十三日には、ジャスダック上場でLED照明や植物工場などを手掛ける京都市の「シーシーエス」が、植物工場の赤字に耐えられず事業の廃止に追い込まれている。「日本経済新聞」が、これらの失敗例もわきまえず記事を掲載しているのであれば、恐ろしい話だ。

そもそも、植物工場は化石エネルギー多投入という問題がある。植物工場内では労働は「商品化」され、技能は否定される（労働者が操り人形になるわけで、逃避願望で農業を語っている企業の重役からすれば、労働の「商品化」を歓迎するかもしれない）。しかも、かりに植物工場がうまくいくならば、設備とマニュアルさえあればどの国でも操業できることになるから、製造業と同じで日本国内に居つづける理由はない。むしろ、日本は電力供給に不安があり、賃金が高いから、海外に行ったほうがよい。このように、植物工場を日本農業の希望であるかのように賞賛するのは、論理的にも矛盾している。

ハイテク農業の真反対で、粗放農業を褒めそやす傾向もある。農薬も肥料も撒かず、自然のままに農作物を育てるというものだ。粗放農業でよい作物を作れ、お金も儲けられる……いかにも自然や環境を愛する都市住民に受けそうな話だ。一九八〇年代までの日本社会は努力が美徳であったことと対比すると、何もしないのがよいというのはアンチテーゼ的な願望もかきたてる。実際、こうしたストーリーに基づいて書かれた『奇跡のリンゴ』という本は飛ぶように売れた。そういう本は、もっぱら都市の消費者に評判はよいが、よほど特殊な事情が重ならないかぎり粗放農業は経営的にペイしない。「奇跡のリンゴ」そのものの成功を否定するわけではないが、そうした成功はまさに「奇跡」のような確率でしか起きないことを肝に銘じるべきだ。

地球上の人口がじゅうぶんに少なく、前近代的な生活様式で構わないというのであれば、天然に自生するものの中から、食べどきのものだけを採取するという「粗放」のスタイルの方がよい。事実、農耕以前の狩猟社会は、少ない労働で豊かな栄養状態にあったといわれている。しかし、現実には、七十億もの人口があり、しかもその人口が増え続けており、粗放農業を普遍化するのは無理がある。また、好きなときに好きなものを食べるという習慣がしみついてしまった現代人が、収穫の時期や量が調整できない自然採取を食生活のベースにすることは考えがたい。粗放農業も、ハイテク農業と同様、現状逃避的な夢物語といわざるをえない。

2 「六次産業」という幻想

ハイテク農業と並んで、企業の重役たちが好きなのが農商工連携だ。農産物加工やら、農村観光やら、農業経営管理サービスやら、商工業者が農業と連携することで新たなビジネス機会が生まれるという発想で、六次産業化（第一次産業である農業と第二次産業である工業と第三次産業である商業が連携して、1+2+3ないし1×2×3で6になるという語呂合わせ）ともいわれる。

商工会議所にいくと農商工連携や六次産業化のポスターがあっちこっちに貼ってある。経団連も農商工連携の賞賛一色だ。ごく一例は「農林漁業等の活性化に向けた取り組みに関する事例集」（二〇一一年三月）だ。Ａ4で二百三十九ページにわたり、さまざまな商工業者の農業との連携が新たな取り組みとして紹介され、いずれも斬新な成功例として紹介されている。

だが、そもそも、農業者と商工業者が提携することは新しいことではない。市場経済が未発達だった封建時代ならともかく、必要ならば連携をするのは当たり前だ。農家レストランやら、農家民宿やら、人材派遣やら、すべて、今日とは若干の形態の違いはあっても、何十年も前から普通に行われてきた。いまごろになって、企業の重役たちが農商工連携をやたらと新しがるのは、農業者を昔ながらの進歩のない人たちのごとくみなすという驕りを感じる。

農商工連携が商工業者の補助金獲得の口実に使われている場合も多い。よくあるのが、地元で、代々、名家といわれる商工業者が経営不振にある場合だ。企業の海外移転が進んでいるが、地元の名家としては海外進出に踏み切りにくい。窮余の策として農商工連携を名目に補助金を引っ張り込みにかかるというパターンだ。

商工業が主体となった農商工連携は、農業にとっては不利益になる場合が多々ある。たとえば、農産物加工で儲けるためには、一定の品質の原材料を大量仕入れして工場を一定の稼働率で操業したい。しかし、そうなると、地元産の農産物に限定していては、気象変動による品質や量の不安定というリスクを負うことになる。結局のところ、最初は地元産の農産物を使っていても、やがては仕入先を臨機応変に切り替えることも起こる。

農商工連携の失敗例はたくさんあるが、そのひとつとしてGさんの事例を紹介しよう。Gさんは農業生産法人で野菜を作っていたが、冬場の仕事の確保と、B級品（形が悪くて出荷してもあまり高く評価されない野菜）の有効利用のため野菜加工に進出した。Gさんは温厚で誠実で地元愛が強く、地域の雇用の場を作りたいという意志もあった。Gさんの野菜加工工場の開業には多くの人たちが集まって祝賀した。

Gさんの野菜加工工場は最初は順調だった。販路を開拓し、大手の小売チェーンにも納入できるようになった。マスコミや「識者」はGさんの取り組みをこぞってとりあげ、賞賛した。

ところが、Gさんが販路の開拓に力を入れているうちに、肝心の野菜生産がおろそかになった。悪天候に見舞われたこともあり、加工材料の野菜が不足してしまった。せっかく開拓した販路を失うまいと、Gさんは市場や他の農家から野菜を買い入れて工場の操業を続けた。しかし、そうなると費用も嵩むし、製品の品質管理も難しくなる。商売というのは、一度、つまずくと、悪い連鎖が始まるものだ。労務管理の失敗も重なって、Ｇさんの事業はあっという間に悪化した。ついには、巨額の負債を抱えて破産した。

Ｇさんの事例を、私は、ある雑誌記者に紹介したことがある。事業に失敗した人への取材は大変だ。本人のみならず、周辺の人たちにも同意をとらなくてはならない。私自身が、そういう根回しをして、ようやく取材が実現した。その記者も熱心に取材した。彼は、「農商工連携が甘くないことがよくわかった」と私に感謝した。

しかし、彼の記事は掲載されなかった。社内での評判が悪かったという。読者は「農商工連携で地域活性化」という楽しい話を求めているのだから、それにそぐわない真実は報道する必要がないというわけだ。

巷には、農商工連携を褒めそやす「識者」がうんざりするほどいる。この記者が私に接触してきたのも、農商工連携に懐疑的な意見を公言している人が私以外にはみつからなかったからだという。

戦前にナショナリズム的な報道が増えたのは、政府の統制の所為《せい》というよりもマスコミが大衆迎合的な記事を書いて売り上げを伸ばそうとしたからだというのが、今日のマスコミ研究者の中ではほぼ定着した見方だ。今日、農商工連携がやたらと賛美されるのも同じような大衆迎合だろう。昔も、今も、マスコミや「識者」の行動原理は大して変わらないものだ。

3　規制緩和や大規模化では救えない

「農地取得の規制緩和」は、昨今流行の農業政策提言で必ず出てくる常套句だ。「規制緩和」という知的な言葉を使うと、いかにも高尚な雰囲気が醸し出せる。経済学をかじった人間が使ってみたくなる論理だ。

だが、農業は教室や研究室や会議室で行われるものではない。霞ヶ関で行われるものでもなければ、集会所で行われるものでもない。あくまでも野良という現場で行われるものだ。動植物の生理はもちろん、気象・地質、そして行政の実態と地域ごとの特性をふまえなければならない。

患者のために医学があるのであって、医学のために患者があるわけではない。同じことは、現実問題と経済学の関係にも当てはまる。経済学的アプローチが使いやすいように現実を捻じ曲げて解釈するということはあってはならない。自然科学であれ、社会科学であれ、使い方を間違えれば社会に多大な害悪をもたらす。原子力という科学への過信が招いた大惨事に直面している今日の日本にあって、すべての学問領域において、真実を正視してきたかどうかを自問するべきだ。

「農地取得の規制緩和」を主張する人は、農地法が原則として営農の意欲と能力のある自然人か農業生産法人にしか農地取得を認めていないことを問題視する。農業生産法人を設立する際に、一般企業の出資に上限（農業関連産業の企業であれば五十%、それ以外であれば二十五%）があることや、役員の中に農業に常時従事している者がいることを求めていることを問題視する。そして、「不適切な農外転用や耕作放棄は、別途、取り締まればよく、一般企業でも非農家でも自由に農地を取得できるように規制緩和するべきだ」と主張する。

こういう「規制緩和」論こそ、患者に聴診器を当てずに、医学書だけで診察しているような論理だ。第1章で詳述したように、不適切な状態にあることの認定すら困難なのに「別途、取り締まればよい」というのは、無責任だ。収入が足りなくてやむをえず過労状態で働いている人に、「収入は別途に得ることにして、休んだほうがよい」と言っているようなものだ。

そもそも、農地法の規制はあまり実効的な意味がない。多くの先進国で似たような農地の取得規制は設けられているが、日本の場合は、農地行政が崩壊していることもあって、農地法の規制は有名無実だ。上述の農業生産法人の要件にしても、常時農業に従事といっても、営業活動や労務管理でも農業のうちに認められているなど、もともと厳しい規制ではない。それらしい農業者を書類上仕立てれば、いくらでもこれらの規制は尻抜けにできる。しかも、書類と実態の差をチェックできる体制がない。このため、産廃業者や不動産屋などがダミー農業生産法人を仕立てるというケースが後をたたない（これは「毎日新聞」が二〇〇八年九月から二〇〇九年四月にかけて断続的に連載した企画記事「農地漂流」で詳細に報告されている）。もちろん、産廃業者も不動産屋も地域経済にとって必要な産業であり、それらを一概に批判する気持ちはない。ただ、中には、農外転用目的で農地取得を狙っている業者もいる。そういう業者が、農地行政の運用体制の不備につけこんで、転用したり、耕作放棄したりしている。

経済学でいう「競争」と「無秩序」はまったく意味が違う。経済学でいう「競争」とは価格のみをシグナルとして需給調整が行われる状態だ。その場合、詐欺や債務不履行をしないとか、ルールが明確に守られていることが大前提だ。そういうルールが守られているとき、市場に参加する者を「規制緩和」によって増やせば、経済の効率は高まる。これが「競争」の本来の意味だ。これに対し、ルールが不明確な状態は無秩序だ。無秩序状態で市場に参加する者を「規制緩和」で増やせば、詐欺師や破産寸前の者が取引に参加することを誘発し、経済の効率はむしろ悪化する。

現下の農地利用は、不適切な転用や耕作放棄にも歯止めがかからない「無秩序」の状態だ。農外転用で濡れ手で粟の利益が得られたり、近隣で不適切な農地利用をされてまともな農業ができなくなったりして、真面目に農業に打ち込もうとする者が馬鹿をみるという状態だ。この状態で「規制緩和」をしても、非営農目的での農地取得を助長するだけだ。

「規制緩和」と並んで、昨今の農政提言でみられる常套句に「大規模化」がある。日本農業の規模が過小だとして、大規模化すれば農業の競争力が高まるという主張だ。だが、この主張も、「競争」の意味を理解していない。かりに規模が過小だとすれば、それは農地について「競争」が成立していないことを意味する。「競争」が成立していない状態で、規模を大きくしたところで、競争力が高まるという保証はない。一党独裁政権下で強引に大規模営農化している某国が東アジアにある。この某国は、農業が強化されるどころか慢性的な食料不足だ。まじめに農業に打ち込む環境になければ、規模という外形にこだわっても無意味なのはこの某国の例からも明らかだ。

日本の場合、本書で繰り返し指摘してきたように、農地行政の運用体制の不備のために農地利用のルールが骨抜き状態になっており、このことが「競争」を阻んでいる。農地利用の骨抜き化をいかにして防ぐかを具体的に議論することなく大規模化を提唱しても、無意味だし無責任のそしりを免れない。

そもそも、規模にこだわるという発想自体が、現実離れしている。現在の農業では、田植え、稲刈り、耕起、といった作業を委託したり受託したりというのがごく普通に行われている（ちなみに作業の受、委託には農地法の規制がかからない。農作業の全面的な受、委託は、実質的に農地の貸借作業と同じだ。したがって、受、委託を活用すれば、企業だろうと個人だろうと、農業参入に法的制限はない）。つまり、耕作面積といっても、作業の受託、委託をどう扱うかで変わってくる。また、事実上は別々の経営をしている農家が、書類上だけ合併して、大規模経営を装うこともできる。実際、小泉・安倍政権下で大規模営農に農業補助金を集中させようとした際、補助金獲得を狙ってこのような「名ばかり大規模営農」が設立される動きもあった。

マスコミや「識者」は大規模化すれば装置や機械の運転効率が上がるという論調を好む。しかし、第3章で指摘したように、商工業の場合とは異なり、装置や機械への依存は農業の収益向上をもたらすとは限らない。しかも、日本のように平地が狭く、農地のあちらこちらで道路や河川や諸々の建物と交錯するところでは、大規模化が装置や機械の運転効率をどれほど上げるかも疑問だ。

4　JAバッシングのカン違い

小泉改革あたりから、業界団体を、官僚や族議員と癒着して既得権益の擁護に汲々とする抵抗勢力だと攻撃する論調が流行っている。その典型が、昨今、「改革派」を自任する「識者」によるJAバッシングだ。日本農業の諸悪の根源をJAに押しつける見方だ。JAさえ解体すれば日本農業はよくなるという極論だ。

「自称・改革派」は、JAと農水省と農林族議員が結託しているという「農政トライアングル」の構図を好んで取り上げる。コメなどの流通で独占的立場にあるJAが農水省と一体化して諸規制によって零細農家を意のままに組織化し、選挙では農林族議員を支持する見返りに補助金やＪＡの既得権保護を引き出すという構図だ。そして、農家の自由な行動を抑圧する「悪者」にＪＡが仕立てられる。

いわゆる「農政トライアングル」的な構造がかつてはあったことは私も認める。とくに一九九〇年代前半までは、農村の政治力学として「農政トライアングル」は、そこそこに説得力があった。ＪＡの票田としての結束力も強かったし、食糧管理法などでＪＡの地位は保護されていた。このような状況下で、ＪＡが悪平等的に農家を「どんぐりの背比べ」状態に押し込み、革新的な農家の出現を阻んだ側面はたしかにあった。

しかし、一九九五年に食糧管理法は廃止され、物流の発達につれて農産物も農業資材もＪＡによる流通支配は大きく後退している。また、ＪＡの収益源であった金融事業が一九九〇年代以降、不振が続いている。一九八〇年代まで「護送船団方式」と揶揄された金融規制時代には、ＪＡは他の金融機関よりもさらに手厚い保護があったのだが、一九八〇年代末の小口預金金利自由化以降はＪＡの金融事業は資金運用能力の弱さを露呈している。住専会社への無理な貸し出しで巨額の損失を出し、一九九六年に六八五〇億円もの公的資金注入による救済を受けた。二〇〇八年のリーマンショックでは、国内金融機関では最大の損失を出したといわれ、間接的に組合員農家の負担を強いる形で一・九兆円の増資でしのぐという失態を演じた。しかも、リーマンショックの損失額の全貌はみえておらず、不安は残ったままだ。いまや、ＪＡはいつ経営破綻しても不思議でない状態だ。経営基盤がこれだけ脆弱では、組合員農家を組織化できるはずがない。

選挙制度の変更の影響も加わり、票田としてのＪＡの弱体化は二〇〇〇年代に入って以降、とくに著しい。典型的には、参議院議員比例代表区（およびその前身の全国区）の動向でみることができる。ＪＡは農水省ＯＢを推薦して参議院議員に送り込むというパターンを続けていた。「農政トライアングル」をまさに連想させるパターンだ。二〇〇一年の参議院議員選挙で農水省ＯＢの福島啓史郎氏がＪＡの推薦で当選するところまでは、このパターンが維持された。ところが、鉄壁と思われていたこのパターンが二〇〇四年の参議院議員選挙で崩れる。ＪＡが支援した日出英輔氏が惨敗したのだ（自民党比例代表区候補者名簿で女子プロレスラーの神取忍氏の後塵を拝している）。

日出氏の落選に衝撃を受け、危機感を持ったＪＡは二〇〇七年の参議院議員選挙では、再選を目指して立候補した福島啓史郎氏を支持せず、ＪＡ全中の元幹部の山田俊男氏を応援した。身内を候補に立てるという禁断の手段を使って、ＪＡは露骨な職場ぐるみ選挙を展開した。ちょうど小泉改革で業界団体に厳しい目が向けられていた時期であり、ＪＡに危機バネが働いたのだろう、山田俊男氏は比例代表区候補者中で二位（四十五万票）の大量得票で当選した。この選挙で惨敗した福島啓史郎氏を横目に、ＪＡ上層部は、次からは二名擁立・当選を目指そうという景気のよい声も聞かれた。

しかし、皮肉なことに、この選挙こそが、その後のＪＡの政治力喪失を決定づけた。二〇〇九年の衆議院議員選挙での自民党大敗を受け民主党政権が発足し、小沢一郎氏による自民党の支持基盤崩しが始まるや、ＪＡはその恰好の標的となった。ＪＡに不利な補助金支給体系に変更されたり、ＪＡ幹部が農水大臣との会見機会ももらえなくなったりと、さまざまな試練をつきつけられた。

また、農水省の上層部としてもＪＡに対する不快感が高まる。農水省ＯＢの日出氏・福島氏が、立て続けに赤っ恥をかかされたのだから当然といえば当然だ。農水省官僚を務めて、最後はＪＡの応援で政治家になるという人生設計の可能性も閉ざされたのだから、ＪＡを大事にする理由はない。子供じみているようであるが、組織のトップというのは、そういう下世話な動機で動くものだ。

このように、二〇〇七年の参議院議員選挙は、「ＪＡ—農水省—族議員」という従前の政治力学の終焉を物語っている。だが、このことは農政が票にならなくなったことを示すものではない。二〇〇七年の参議院議員選挙で民主党が大勝するが、勝因のひとつとして、小沢一郎氏の提唱した戸別所得補償と呼ばれる大型の農業補助金がアピールしたことが指摘されている。それまでの小泉・安倍政権下では、大規模農家に補助金を集中する傾向があり、小沢氏はこれを弱者切り捨てだとして批判したのだ。

現実には、すでに述べたように零細農家は総じて同世代の都市勤労者よりも所得も資産も恵まれており、小沢氏の主張が合理的かどうかは疑わしい。しかし、この小沢氏の主張は、かなり多くの農家にアピールした。この結果、自民党が基盤としていた農村部で、民主党候補が大量得票した。

農村部で自民党が惨敗したにもかかわらず、先述のとおり、二〇〇七年の参議院議員選挙の自民党比例代表区でJA元幹部の山田俊男氏が大量得票したという対照はきわめて興味深い。この対照は、農家票とJA職員票が分離したことを示している。山田氏の大量得票はJA職員票であって、農家票ではなかったのだ。二〇〇七年の参議院議員選挙でJAと農家の溝は明確になった。

また、小泉・安倍政権下で貧富の格差が拡がり、貧者の代表として農家がとりあげられたことにより（くどいようだがそれは実態と異なる）、農家を保護することが社会的正義だといった錯覚が都市住民の間にも生まれた。さらには、二〇〇七年の穀物価格高騰の後、国内農業の増産があたかも安全保障だとみなす極論（後述）が流行り、ますます都市住民は農業保護への賛同を強めた。このようにして、ＪＡを通じた農家票の獲得という従来の選挙戦術に換わって、農家や農業の保護に熱心だという政治的ポーズをとることで都市住民の票を狙うという新たな選挙戦術が定着する。

二〇一〇年の参議院議員選挙ではＪＡは候補者擁立にも手間取り、最終的には元ＪＡ青年部会長の門伝英慈氏が自民党比例代表区候補者名簿に掲載されたが、ＪＡは表立っての支援をしなかった。この参議院議員選挙は自民党が大勝したにもかかわらず、門伝氏は八万票しか得られず、惨敗した。たった三年間で山田氏の得た得票の五分の一以下まで激減したのだ。民主党にとっても自民党にとっても、ＪＡはもはや票田としての意味はすっかり弱くなってしまった。かつての「農政トライアングル」は見る影もない。

かつてはＪＡの組織力が強大すぎて日本農業の活力を殺いでいたが、皮肉なことに、いまやＪＡの弱体化が農地利用の無秩序化などをもたらし、農業崩壊の加速要因になっている。これまで繰り返し指摘したように、日本農業では、土地や水利用で集落の秩序を維持しなければ共倒れになるが、従前はＪＡが個々の地権者のわがままへの歯止めの役割を果たしていた。そのＪＡが弱体化したことにより、自分勝手な土地利用や水の利用が拡がり、耕作に専念しようとする者の足を引っ張っているのだ。また、第1章で述べたように、ＪＡの行政補助機能の低下により、補助金の不正受給がチェックできなくなっている可能性もある。

もちろん、経済団体に過ぎないＪＡに秩序維持や行政補助の機能を期待すること自体に無理があった。本来ならば農業行政の体制を立て直して、ＪＡがなくても農村の秩序が維持される状態にするべきだ。そういう農業行政の立て直しを論じずに、単にＪＡの悪い部分を批判するだけならば、無責任な放談にすぎない。

残念なことだが、いまは「落ちた犬は叩け」という風潮がある。典型的にはここ六代の総理大臣（安倍、福田、麻生、鳩山、菅、野田）で、いったん人気が落ち始めると、何でもかんでも総理大臣の所為《せい》にされてしまう。同じことがＪＡにもあてはまるのではないか。すなわち、ＪＡが弱体化し、どういう批判に対しても無抵抗なので、ＪＡバッシングが流行るとみることができる。いわば「ヨワイモノイジメ」の構造だ。

5　ＪＡの真の病巣

ここまで、安易なＪＡバッシングに対して警鐘を鳴らしたが、そのことはＪＡが正当だということを意味しない。マスコミや「識者」が取り上げたがらない部分にＪＡのもっとも深刻な矛盾がある。それは、ＪＡの組合員資格に関する疑念だ。

まず、ＪＡにおける組合員制度について説明しておこう。農協法は、原則として、ＪＡの非組合員の事業利用高は組合員のそれの四分の一未満でなければならないと規定している。この規定は員外利用率規制といわれるが、実は、多くのＪＡの事業で違反状態になっていることが農水省の調査によってもあきらかにされている。ＪＡは、農産物出荷・農業資材購入・農業共同利用施設運営などの営農関連事業も行っているが、それは人員配置で見ても全事業の三分の一程度にすぎない。残りの三分の二は金融事業やスーパーなど生活関連事業を展開しており、これらで非組合員の利用が多い。

ここで、やや細かい話になるが、組合員の定義を説明しよう。ＪＡの組合員には「原則として農家」を対象とした正組合員と、非農家を対象とした准組合員の二種類がある。「原則として農家」と書いたのは、三つの理由がある。第一に、正組合員の資格の詳細はJAごとに定款で定めることになっており、農水省の農家の定義（経営耕地面積が十アール以上または農産物販売金額が十五万円以上の世帯）に準拠する必要がなく、農家とは言い難いほど僅かしか農業に触れていなくても、正組合員になっているケースが多々あるからだ。第二に、すべての農地を貸し出すなどして脱農した場合も、一定の要件を満たせば正組合員資格を保持することを農協法が認めているからだ。第三に、JAの正組合員資格のチェックが杜撰で、違法に正組合員資格を維持しているケースが多々あるからだ。

正組合員資格を満たさなくても出資金を払えば准組合員になることができ、JAの利用において正組合員と同等に扱われる。ただし、准組合員にはJAの組合長選挙の選挙権・被選挙権がなく、JA総会での議決権がないなど、JA経営の意思決定には関与が制限されている。

直近時点で正組合員戸数は四百七万戸（二〇一〇事業年度）で、農水省の農家戸数二百五十三万戸（二〇一〇年二月現在）を大きく上回る。ちなみに准組合員戸数は四百六万戸（二〇一〇事業年度）だから、正・准を含めた組合員戸数は農家戸数の三倍以上という異常事態だ。なお、この事実をJA幹部に話すと、ほとんどの場合、「一農家複数正組合員制度を採用しているJAがあるために農家戸数よりも正組合員数が上回るのは問題ない」という回答が返ってくる。そういう回答を聞くたびに、ＪＡ幹部は「正組合員戸数」と「正組合員数」の区別もつかぬほど日本語能力が低いのかと、恐ろしくなる。

先ほどの員外利用率規制を逃れるためには、非農家を准組合員にすればよい。ところが、そうするとますます、ＪＡ組合員のうち農家の比率が下がることになる。また、先述のとおり非農家と区別がつかないような正組合員世帯があるなか、非農家の准組合員世帯が増えると、正組合員か准組合員かでＪＡ経営への関与を区別するという現行制度の矛盾が拡大する。

実は、多くのＪＡは、農業共同利用施設で大赤字を出している。この共同利用施設の主たる利用者は、サラリーマンなどの安定的な農外収入を得ながら週末のみに零細農業を営む兼業農家だ。共同利用施設のサービスを採算性を無視した出血料金で提供することによって、ＪＡの収益を巧妙に兼業農家に重点的に配分しているのだ。しかし、非農家の准組合員世帯には、なかなかそういう情報も知らされないし、知ったところでＪＡ経営には関与が制限されている。

このように、現下のＪＡは農業者の組織なのかどうなのか、曖昧模糊としている。しかも、ＪＡの歪みは、今後、ますます増大するだろう。このような状態は、農業にとっても、地域経済にとっても、不健全だ。

ＪＡは農業者の組織なのかそうでないのか、態度をはっきりさせるべきだ。農業者の組織だというならば、非営農事業を切り離し、営農事業に専念するべきだ。そうでないならば、准組合員に正組合員資格と同等の権利を与えるべきだ。いずれにせよ、組合員資格の問題を曖昧にしたまま、現在のＪＡを農業者の組織として社会的に容認するべきではない。

このことに関連して、ＪＡに特権的に金融事業と非金融事業の兼営が認められていることも見直されなければならない。いまや、住宅資金貸付（多くはアパートの建設運営資金）が主力になるなど、ＪＡの金融事業は非営農関連が大きくなっている。通常の銀行や保険会社には金融以外の兼営が認められていないのに、ＪＡだけを特別待遇する意味があるのだろうか？

組合長が正組合員からの選挙で選ばれているため、借り手となる農家への融資姿勢が甘くなりがちで、しばしば経営悪化した農家でも安易な追加融資が行われるという問題もある。とくに、畜産地域で、ＪＡが経営危機の農家向けに漫然と融資を続け、ＪＡの経営危機に発展しているケースがみられる。

どういう業界でも、経営に失敗して撤退していく事業者がいる。その際、早めに撤退を促し、資産売却の斡旋をするなど「引導渡し」をするのも金融機関の重要な役割だ。「引導渡し」のためには、金融機関は借り手に対するシビアな経営判断と、幅広い分野の業界情報を有して潜在的な資産購入者を知っていることが不可欠だ。しかし、JAは組合員への貸し出しが多いうえ、市中金融機関に比べて日常的に付き合っている業種も限られていて、そういう「引導渡し」ができない。

ただでさえ、住専への貸し込みやサブプライム・ローンへの過大投資など、JAの資金運用能力には疑問がある。JAは預金残高でみずほフィナンシャルグループを上回る。これほどの金融機関がもしも破綻すれば、一国の金融システム全体に悪影響を与えかねない。JAから金融事業を分離するべきだ。分離された金融事業を信金化するか、あるいは市中銀行に売却するかをするべきだ。それこそが、金融界のためにも農業界のためにも利益だ。

JAの組合員資格や金融事業の分離について、マスコミや「識者」は話題にしたがらない。JAをバッシングするのは爽快感があってよいが、JAや農業を改善するための具体的考察となると、息苦しくなるからではないか。組合員資格の問題を論じれば、農地の所有者・耕作者の確定という面倒くさい作業が不可欠になる。金融事業の分離も、日本の金融市場の再編を論じなければならなくなる。大切な議論だが、論じて楽しい話題ではない。大衆迎合的なマスコミや「識者」ならば、そういう話題は避けるだろう。

6 農水省、JA、財界の予定調和

いまや財界は農水省とJAの応援団だ。こういう私の見立てを聞くと驚く読者が多いかもしれない。長らく、貿易自由化が論題に上がるたびに「自由化に反対する農業界vs.自由化に賛成する財界」という図式が使われてきた。とくに、一九八〇年代末から九〇年代初頭にかけてのウルグアイ・ラウンド交渉では、JAに代表される農業界が安価な海外産農産物流入を怖れて貿易自由化に反対し、輸出に活路を見出したい経団連に代表される財界が貿易自由化に賛成し、両者が激しい論戦を繰り広げてきた。

ところが、いまや商工会議所などにいくと、農商工連携や六次産業化のポスターに交じってTPP反対などのポスターも普通にみられる。いまも、財界の首脳は、マイクを向けられれば表向きは貿易自由化の推進を言っているが、かつてのような激しさがない。

象徴的なのが二〇〇九年の衆議院議員選挙だ。従来、貿易自由化に好意的であった民主党が農家票を得ようとして消極姿勢に転じた。しかし、それに対する財界の反応は鈍く、反発するといってもいかにも形ばかりのものにとどまった。

財界の内部にも国際志向の強弱にはばらつきがあるが、国際志向の強い企業は製造拠点の海外移転を進めるなど、すでに「日本離れ」をしていて、貿易問題も含めて日本政府の動向への注視力も薄らいでいる。結果的に財界の政治運動でも、内需頼みの国際志向の弱い企業の影響力が強まる。

そういう内需頼みの企業は、農商工連携などで、農家やJAとの連帯を図っている。いまや、農業界と商工界は、地域の雇用を守る「善良な弱者」を自称して政府の保護を求めるという点で、「同じ穴の狢《むじな》」と化しつつある。もちろん財界の中には貿易自由化を求める声も残っている。また、財界が貿易自由化に関してうっかり後ろ向きなことを言えば、財界が腑抜けになったのではないかという国民からの不信感を招く心配もある。したがって、財界としては貿易自由化に対する態度をはっきりできない。貿易政策について積極的な動きは控え、マイクを向けられたときは「農業界の反対があるから貿易自由化は進まない」と、矛先を農業界に向けさせるのが、財界の無難な対応ということになる。

財界や農業界から農政提言が相次ぐが、国内農業政策の提案は驚くほど類似している。経団連もＪＡも大規模営農を礼賛し、大規模化を実現しても赤字が出る場合は補助金で補塡することを提案している。昨今、企業（とくに土建会社）やＪＡが機械や装置に頼ったマニュアル依存型大規模農業を手がけているが、それが総じて技能不足の赤字経営だ。その赤字を政府に財政負担で補塡させようとしている点で、経団連もＪＡも「同じ穴の狢」だ。政府も、経団連とＪＡの注文に即した国内農業政策の方針を表明している（たとえば、二〇一一年十月に発表の「我が国の食と農林漁業の再生のための基本方針・行動計画」）。つまり、政府と経団連とＪＡが予定調和的に、企業やＪＡによる脆弱なマニュアル依存型農業へと補助金を誘導しているのだ。

7　農業保護派の不正直

農産物輸入障壁や農業補助金を求める「農業保護派」は根強く存在する。ＪＡはもちろん、消費者団体や「識者」の中にも多々見受けられる。彼らが農業保護を求める根拠は、食料安全保障や環境保護などの「多面的機能」だ。すなわち、農業には、農産物の生産を超えて、さまざまな国民的利益があり、政策的な介入によって保護するのは当然だという見方だ。

かりに農業に多面的機能があるとするならば、違法脱法の農地転用など、不適切な農地利用は断じて許し難い行為のはずだ。また、農地基本台帳の整備は、違法脱法の農地転用を防止する効果もあるし、農業補助金の支給を円滑化するから、「農業保護派」から圧倒的な支持があってよいはずだ。ところが、「農業保護派」は総じて、農地基本台帳の不備や転用規制の有名無実化という重大問題に関しては論及を避けている。

おそらく、「農業保護派」の関心は「農業」ではない。「農家」を弱者に仕立て、その「農家」の保護を訴えることで、自分を「善人」に仕立てたいだけではないか。

本当の弱者を救済するには労苦が強いられるが、本当は弱者ではないのに弱者に仕立てた人を救済するのは労苦がない。たとえば、「限界集落」とかいって山間地で暮らす高齢者がかわいそうな弱者としてとりあげられる。限界集落を助けようという運動ならば、週末に限界集落の農作業をみようみまねで手伝うとかということになるが、これならば、都市住民にとってはあまり負担にならない。同じ高齢者でも、限界集落ではなく、都市部で孤独に暮らし、アパートの支払いにも困っているような高齢者を助けようとすれば、自分の近くにいるだけに、毎日のように親身になって世話をしなくてはならないとか、民生委員を引き受けなくてはならなくなるとか負担が大きい。

繰り返すが、農家の平均所得は同世代の非農家を上回る。農家は、農地のほか自宅などの不動産を所有している場合が多い。したがって、農家は概して非農家ほどには支援を要求しない。だからこそ、都市に住む本当の貧困者ではなく、農家の保護を訴える方が都市住民としては気が楽だ。

非農家にも千差万別あるように、農家にも千差万別あって、公的扶助を必要とする農家もいる。社会的弱者に手を差し伸べるのは、偽善でも何でもなく、真っ当な行為だ。しかし、「農家はかわいそう」とひとくくりにしてしまえば、相対的に恵まれた農家をさらに助けるだけになりかねない。

8　TPP論争の空騒ぎ

ここ二年ばかりで、急に話題になったのがTPPへの参加の是非だ。国内での議論が活発化したのは、二〇一〇年に菅首相が政権発足に際して参加を検討すると表明したことがきっかけだ。TPPは米国・豪州が主導する環太平洋の主要国が貿易についての包括的な自由化協定を結ぼうというものだ。労働や公共事業の発注など協定の討議範囲は幅広いが、関税については将来的にゼロ関税を目指していることから、農業への影響が大だとして、賛否がさかんに議論される。

戦後、農業貿易自由化の是非が議論されることは何度もあったが、TPPへの参加の是非については、いくつかの興味深い特徴がある。

第一に、貿易自由化論者の中に、国際分業の利益を論拠にする意見がほとんどみられない。国際分業の利益とは、各国が得意な産業に特化して、国内生産と国内消費のギャップを輸出入で埋めるようにすれば、世界全体の経済活動が効率的となって、すべての国が恩恵を受けるという考え方だ。リカード以来の古典的な発想で、経済学の教科書で必ず学ぶ理論だ。ウルグアイ・ラウンドのとき、財界は、日本の得意分野である製造業を伸ばすことが日本にとっても国際経済全体にとっても利益になるのだとして、貿易自由化を強力に主張した。

当時は農業の縮小はある程度、やむをえないものとして、日本社会が受け止めるべきだという考え方が少なくとも財界では大勢だった。

これに対し、今回のTPP論争では、国際分業の利益を唱える声は財界からもほとんど聞かれない。むしろ、貿易自由化を機に農業改革をして農業を輸出産業にするべきという「攻めの農業論」が華やかだ。おそらくこの背景には、ウルグアイ・ラウンド以降の二十年で新興国の攻勢の前に日本企業は競争力を喪失しつつあり、単純に国際分業の利益を唱えれば、自らの首をしめかねないという危惧が財界にあるのだろう。

第二に、財界とJAが対立ではなく、予定調和している。財界の主張は「国内の農業改革をすれば、貿易自由化しても日本農業は潰れず、むしろ成長産業になる」というもので、JAは「貿易自由化には反対するが、国民経済のために国内の農業改革は推進する」というものだ。そして、財界もJAも、国内改革とは農商工連携や大規模営農で、そのための補助金を政府に求めている点で共通している。

第三に、国産農産物を美化し、農産物貿易自由化反対を訴えることで、都市住民票を得ようという政治的な動きがみられることだ。民主党内で山田正彦氏（菅政権の農水大臣）が中心となって集めたTPP反対署名には二百名以上の国会議員の署名が集まったという。TPPには農業以外の協議分野もあるが、山田氏が元農水大臣だったことからもわかるように、この二百名のうち多くは農産物貿易自由化への反対とみてよいだろう。

しかし、もともと民主党は都市型政党といわれていたし、労働人口の三%程度の農民票のためだけに二百名もの署名が得られるとは考えがたい。都市住民の間に現状逃避的に国内農業を美化する傾向があるのは先述のとおりだ。二〇〇七年の参議院議員選挙で農家保護を訴えて民主党が農家票のみならず都市住民票をも獲得したように、TPP反対を提唱することで都市住民票も狙っているのではないか。

第四に、TPP参加問題のテレビ討論をみると、反対であれ、賛成であれ、喜色満面で、実に嬉しそうな表情をしている論者が多い。おそらく、この背景には、日本農業の具体的懸念事項の議論を避け、貿易自由化の是非という理念論に逃げ込んだことへの幸福感があるのだろう。いうまでもなく、目下の日本農業の最大の具体的関心事項は放射能汚染問題だ。第4章で述べたように、この問題は根深く解決策はみつからない。しかしTPPを論議するとき、放射能汚染問題はとりあえず話題の外に置かれがちだ。

そもそも、農業への影響という点であれば、二〇〇七年に豪州がFTAを持ちかけたときや、二〇〇八年にWTOが最終合意寸前まで行ったときの方が大きかったはずだ。TPP論議の最中に、米国産牛肉のBSE検査の緩和や豚肉差額関税をめぐる巨額脱税事件など、農業貿易をめぐる具体的な重要事案が発生していたが、ほとんど注目を集めなかった。TPPを口実にして、農業貿易自由化の是非という抽象論に逃げ込みたかったというのが、多くの日本人の無意識のうちの願望ではないか。

おそらく、「てぃーぴーぴー」という音の目新しさが、そういう逃避的議論にはよかったのだろう。バカバカしいことだが、そういうネーミング次第で人々の反応が大きく変わるというのはままあることだ。二〇〇七年に小沢一郎氏が戸別所得補償という新型補助金を提唱したときもそうだ。実は、戸別所得補償の名のもとにさまざまな補助金があるのだが、そういう差異は無視された。イメージとして農家保護をアピールしたのがウケて、都市住民も戸別所得補償を抽象的に語りたがった。

根本的問題として、いまの日本には貿易交渉の場で交渉カードがない。国際政治でも国際経済でも影の薄い国には、貿易交渉の場でも影響力がないのは当たり前だ。ちょうど弱小の草野球チームは、基本的なプレイをするのが精一杯で、作戦を考えても無駄なのと同じだ。作戦を語って意味があるのは甲子園の常連校のような実力が伴うときのみだ。この意味でも、TPP論争には不毛さを感じる。

9　日本に交渉力がない本当の理由

ＴＰＰ論争においては、日本の交渉力（の有無）も大きな議題だ。日本の「腰抜けの官僚」には交渉力がない、だからＴＰＰに参加したら大変な目に遭う、といった論を述べる人はよく目にする。その論の当否はさておいて、日本が農業分野において交渉力を持ちえない状況にあるのは事実だ。ただしその理由についてはあまり議論されないので、本章の締めくくりにあたって、この点を指摘しておきたい。

目下、ＷＴＯは、農業補助金について、新たなルール作りを提唱している。具体的には、増産効果の強い補助金を減らそうという方針だ。ところが、ここ数年、日本はわざわざ、この方針と真逆で、増産効果の大きい補助金を増やし続けている。このままでは、今後の国際農業交渉でさらなる窮地に陥りかねない。

そもそも、なぜＷＴＯが増産効果の強い補助金を削減しようとしているかを説明しよう。伝統的に先進国では農業者の政治力が強い。米国も欧州も多額の農業補助金によって農業者の所得を守ってきた。この補助金が穀物の増産を招き、九〇年代には欧米とも深刻な穀物の過剰在庫を抱え込んだ。穀物は貯蔵費用がかさむから、過剰在庫は早急に処分しなければならない。かくして、欧米とも輸出補助金を手当てして、途上国へ輸出する穀物のダンピングを始めた。これは、農業保護の財政的余裕がない途上国の穀物生産にとって大打撃だった。しかも、さらなる穀物相場の低迷を恐れ、途上国を対象とした農業研究を抑制すべく、先進国は国際的な研究資金援助も削減した。

また、九〇年代は先進国の金融機関が世界銀行などとともに、途上国に債務返済を迫った時期でもある。途上国には、自給的な穀物を生産する代わりに、コーヒーなどの外貨を稼げる商品作物の生産をするよう、間接的な圧力が加えられた。つまり、飢えを回避する能力をつけるのではなく、手っ取り早く金を稼げ、と先進国は途上国に強要したのだ。

つまり、九〇年代、欧米は多大な農業補助金の注入によって食料自給率を高めたが、それは同時に途上国の穀物生産を犠牲にする行為でもあった。

こうしたことへの反省から、九五年発効のＷＴＯ協定は、先進国に増産効果の強い農業補助金の削減を義務づけた。しかし、ここには抜け穴があった。バイオエタノールへの補助金は、ＷＴＯ協定の外にあったのだ。いうまでもなくバイオエタノールの原料はトウモロコシなどの穀物だ。

これに目をつけた欧米が、二〇〇〇年代に入って、積極的にバイオエタノール製造工場に補助金を投入した。米国では、バイオエタノール一ガロン当たり五十セントを超す補助金が支給されたといわれるが、バイオエタノールの価格が通常一ガロンあたり二ドル程度だから破格の優遇だ。これによって、食料とは別の需要が生まれ、穀物の価格は吊り上げられた。

そこに穀物の輸出大国であるオーストラリアやウクライナの大旱魃が重なって発生したのが、二〇〇七年と二〇〇八年の穀物価格高騰だ。英国のガーディアン誌によると、世界銀行は、この時の穀物価格上昇の七十五%がバイオエタノールの増産に起因するという推計結果を得たが、その公表を政治的理由で差し控えたという。バイオエタノール増産の圧倒的部分をしめるのは欧米だ。欧米は自分達の非を認めたくないという理由で、この七十五%という推計の存在を公にしようとしなかったという説が有力だ。

もっとも、高騰したといっても二〇〇八年の穀物価格のピーク時でも、実質価格は八〇年代の平均水準付近に戻っただけだから、少なくとも先進国にとっては大きな打撃はなかった。先進国の消費者はそもそも食費への支出割合が低いし、食事も利便性重視だから、穀物価格があがっても日常生活への影響はごく軽微にとどまった。

しかし、所得水準が低い途上国の庶民にとっては、穀物価格の上昇は、たとえ短期的であっても生活費に甚大な影響を与え、社会的騒乱の引き金になる。

途上国にしてみれば、先進国のおかげで九〇年代には穀物生産の基盤を壊され、二〇〇〇年代は先進国発の穀物価格高騰に翻弄されたことになる。昨今、先進国が途上国向けの穀物援助を言い出しているが、過去の政策への反省がなければ、人道主義を騙《かた》った偽善といわざるをえない。そもそも過去にも援助の名目で先進国が余剰穀物を途上国に送り、途上国農業がますます疲弊したケースが何度もあったことも反省しなければならない。

世界の飢餓対策を真剣に考えるのであれば、途上国の農業強化こそが必要なはずだ。途上国で環境保全的に良質な農産物を作るための研究・普及活動を支援したり、そういう農産物の販路を確保したりすることこそが、先進国に求められる。

日本は、前記の穀物ダンピングには加わっていないので、欧米よりは罪は軽いかもしれない。しかし、高関税によって途上国からの農産物輸入に消極的だという点については、しばしば国際機関から批判されている。また、日本も九〇年代に国際研究機関への拠出を減らしており、欧米と同罪だ。

そして、二〇〇七年以降、民主党と自民党による農業者へのバラマキ合戦の中で、増産効果の強い農業補助金を増やし続けることになった。典型的なのが、政権交代後の二〇一〇年に発足した戸別所得補償だ。戸別所得補償はさまざまな補助金から構成されているが、おおむね作付面積や生産量に応じて補助金が支給されるため、農業者の増産意欲を高める。

ここまでにみた流れを反省してＷＴＯは、補助金の中でも増産効果の強い補助金をＯＴＤＳ（貿易歪曲的国内支持全体）として識別し、ＷＴＯ加盟の各国ごとにＯＴＤＳの削減目標を設定するよう求めている。このＯＴＤＳ削減は、関税削減、輸出補助金削減と並ぶ、農業交渉の三本柱だ。ところが日本政府は日本のＯＴＤＳを二〇〇八年時点までしか公表していない。東京大学助教の高橋大輔氏と私がＷＴＯの提案に基づき日本のＯＴＤＳを推計したところ、二〇〇七年に五八四八億円まで削減したが、その後一転して増加基調になり、二〇一一年には一兆九八八億円と倍加している。このままでは、ＯＴＤＳ削減という国際的な潮流から日本はますます乖離することになり、国際交渉での発言力をますます失いかねない。

先進国は飽食のきわみにある。米国では成人の半数近くが体重過多といわれ、日本でもメタボおよびメタボ予備軍が成人の三十％だ。その先進国が、将来や緊急時の食料不足の心配におびえて自国だけの食料確保に走るのは、途上国の食料・農業事情を無視する行為であり、先進国エゴといわざるをえない。

他方、アフリカなどの貧しい人々は、今回の穀物価格急騰のはるか以前から、慢性的な飢えに悩んでいる。肥満人口が飢餓人口を上回っているという事実が端的に示すように、世界全体では食料の絶対量は足りている。しかし、先進国の圧倒的な経済力の前に、途上国はあっけなく〝買い負け〟してしまう。一人当り所得が数万ドルという先進国の人々なら簡単に出せる金額でも、一人当り所得が数百ドルという途上国の人々には、大金になる。

世界の飢餓人口は二〇〇八年後半以降に急増したことが知られている。この時期、世界的には穀物は豊作で需給が緩んでいた。にもかかわらずなぜ飢餓人口が増えたのか。それは同年のリーマンショックによる世界不況で、途上国の貧困層の収入が減ったためだ。飢餓が食料の絶対量の問題ではなく、経済力の問題だということを端的に示している。

われわれ先進国は、国際的な所得格差に対して総じて鈍感になりがちだ。新興工業国のような例外はあるものの、世界全体では、欧米に日本を加えた先進国とその他の国々との所得格差は、戦後一貫して広がっている。先進国の人口は世界人口の二十%にも満たない。その先進国の人々だけが教育機会や社会保険などのさまざまな恩恵に浴し、途上国の人々には不遇を押し付けるというのが合理化できるはずがない。

しかも、交通通信の発達により、途上国の人々も、先進国の生活にごく間近で触れている。先進国の国境の外に生まれたからという理由だけで、先進国の高度消費社会からはじき出されるというのは、容認し難い理不尽だ。途上国の国民が、先進国への怨嗟の情を抱くとしても何ら不思議はない。

近年、先進国を標的とした国際テロが頻発しているが、その背後にはこのような怨嗟があることを忘れてはならない。この怨嗟を直視し、是正策を本気で考えなくてはならない時期に来ている。資金や技術の国際支援が無効だとはいわないが、途上国産品の優先的買い上げや、計画的な経済難民受け入れなど、大胆な手段に訴えなければ、おそらく格差の是正策にはならないだろう。そういう格差是正策は、先進国の人々にとって当面の負担を強いるものだが、怨嗟を放置して国際テロの頻発など収拾がつかない事態に至ってしまっては誰の利益にもならない。長期的視点に立てば、先進国自らが途上国の飢餓や貧困の削減のために、当面の利益を喪失することを甘受するべきだ。

しかしながら、人々は往々にして論理ではなく感情で動く。自らの当面の利益を捨ててまで、途上国の貧困や飢餓を削減しようとする奇特な人は、先進国のごく少数派だろう。先進国の人々の圧倒的多数は「自分たちだって食料確保が万全ではないのだから」と言い訳をして、先進国内の話題に没頭しているほうが、少なくとも当面は居心地がよい。その点で、現在、大流行の「食料危機が来る」だの「食料自給率向上をめざせ」だのというまやかしの「通説」は、耳に心地よく響く。

政治家とか、「識者」とかは、そういう圧倒的多数派の心理をくすぐるのに長けている。かくして、彼らによって、まやかしの「通説」が盛り上がることになる。

第7章　技能は蘇るか

1　「土作り名人」の模索

Kさんは「土作り名人」と呼ばれる六十歳の名人農家だ。といっても、自分の家の農業は、ほとんど長男に譲っている。K名人の主な仕事は全国行脚の栽培指導だ。ただし、指導料は取らない。足代と食事代さえ負担してもらえればそれで結構というわけだ。一カ月の半分以上は自宅にいなくて、奥さんからは「遊び歩いている」と不満を言われている。そのうち、不在中に自分の布団を奥さんが処分しないかとびくびくしている。それでもK名人の助言を求めている農業者が全国にいるから、自宅を空けざるをえない。

私がK名人に最初に会ったのは、晩夏の農業団体の集会所だった。会員農家が収穫しして持参したアスパラガスをみんなで試食していたときだった。アスパラガスは冬を越しながら五年、上手に管理すれば十〜十五年くらい連続して収穫できる。味とか太さとか、農家の技能が表れやすい作物だ。私も含め、「おいしい」、「よく出来ている」と言っている中、Ｋ名人だけは困ったなという表情をしていた。「このままでは、来年以降が駄目になるよ」と言った。そして、ハウスの中の土の状態やら、それまでの生育状態とかを言い当てた。そして、早急に取るべき対策を指示した。

私はこの最初の出会いで、Ｋ名人に鮮烈な印象を受けた。これまでも、収穫物を食べただけで農地の状態を言いあてられる名人農家に会ったことがある。だが、そういう名人農家は概して口下手だ。具体的なことを話してもらうのに苦労する。ところが、Ｋ名人は実に理路整然と話すのだ。

それ以降、Ｋ名人の栽培指導によく同行するようになった。もちろん、私は栽培指導などできないから、身銭を切って同行して、耕作指導を横でみている「お邪魔虫」だ。Ｋ名人にも迷惑だろうし、お金にもならないのに自宅をあけてばかりで、妻には「ごめんなさい」だ。でも、農業政策を論じながら耕作をしていない自分に引け目を感じていた私は、Ｋ名人から教わりたい一心だ。

K名人は、どんな農作物でも、どんな地域でも、現地に行けばずばりと問題点を指摘する。その農地で何が起きていたかを言い当てながら、その問題が生じた原因を明かす。そして、具体的に対処策を指示する。農業者の耕作技能の水準や性格にあわせて、指示の内容も変える。厳密にいうと、K名人は問題に対する正答を教えているのではない。農業とは関係のないことも含めて四方山《よもやま》話をしながら、どういう試行錯誤をするべきか、当人が気づくように仕向けている。

K名人は指導に際して、農地だけではなく、集落全体の水流、地形、風向、文化などを鋭く観察する。集落の人間関係や農業者の家族関係まで考慮する（人間はウソをつくが農作物はウソをつかない。人間関係や家族関係も、農作物の生育状態に現れるものだ）。そしてタバコをくゆらすか小便をして頭を整理してから、農業者に向かって話し始める。K名人の話は隅々まで配慮があり、農業者にも農作物にも思いやりがある。ただし、K名人は口が悪い。私もかなり悪いほうだが、K名人の方がはるかに悪い。その物言いでK名人を嫌う人もいる。K名人も、農作物に対して思いやりが感じられない農業者には指導をしない。人間関係にも厳しい。

K名人の指導を受けている農業者は、K名人を「先生」と呼ぶ。でも、実はK名人は中学しか卒業していない。定時制高校に通っていた時期もあるのだが、やんちゃが過ぎて卒業はしなかった。

K名人の郷里は日本屈指の農業地帯である渥美半島だ。渥美半島は、海も山も池もある。田も畑も畜産も漁業もある。K名人の親は農家ではなかったが、自然に接する機会は多かった。

K名人は中学卒業後、主に電気関係の仕事をしていたが、二十歳代の半ばにして郷里に戻り、農業を始めた。最初は、農業は学問がなくてもできるものだと高をくくっていた。ところが、ある農業講習会に出かけて、ショックを受ける。講師が、化学や生物学の知識をまじえて、「土作り」の概念を説く。K名人は、その講師に惹かれ、その講師の勉強会に頻繁に出て、黒板消しの役割を買って出る。黒板を消しながら、内容を暗記するのだ。

K名人は中学しか出ていないから化学・生物学の知識が不足していた。それを補うために、K名人は独学を決意する。地元の進学高校の正門で賢そうな学生を拉致して本屋に連れて行き、参考書を選定させる。その参考書を勉強したうえで、さらに専門知識を勉強する。

いまや、すべて理解しきって頭の中に入れてあるから、いまさらそのときの教材やノートは要らない。K名人は照れ屋で自分の猛勉強を他人に知られたくない。「証拠隠滅」とか言って、K名人は過去の勉強の痕跡が残るノート類をすべて廃棄したつもりだった。ところが、奥さんが、K名人の勉強ノートや参考書の一部をこっそり残しておいてくれた。回り回って、それがいま、私の手元にある。手垢にまみれた教材とノートに、若き日のK名人の猛勉強を感じる。

K名人の自慢は、自家製の堆肥だ。床《とこ》の角度や空気孔の位置など、細部にわたって工夫がされている。切り返しもK名人自身がするし、入念に管理して、自分の農地に投入するのはもちろん、近隣でK名人に師事している農業者にも分け与える。

K名人の主作物はチシャだ。チシャとは、韓国風焼肉屋で焼肉を包むのに使う葉物だ。このチシャがおいしいと焼肉の味が全然違う。K名人は焼肉屋と直接取引する。チシャの葉一枚につき七円という値ぎめをしていて、十年以上、この価格も変えていない。相場よりも高いがそれだけの食味で安定供給されるのだから焼肉屋にも不満はない。わずか〇・五ヘクタールのハウスで、三千五百万円もの収益をあげる。ハウスといっても、自家製の簡単なものだ。

スーパーのレジ袋にチシャの葉を入れて軽トラックに積み、次々と取引先の焼肉屋を廻る。裏口に廻って代金がいくらになるかのメモとともに手渡ししていく。軽トラックには箒と塵取りがいつも乗っていて、焼肉屋の玄関にゴミをみつけると掃除をしていく。焼肉屋の客は自分のチシャの客なのだから、客を迎え入れるところはきれいにしておかなくてはいけないという気持ちだ。

Ｋ名人が栽培指導をする動機は、Ｋ名人自身が新規就農者として苦労したので、他の人の努力を助けたいという気持ちが強いからだ。また、現下の農業者をみていて、耕作技能の低下を憂えているからだ。

Ｋ名人は、化学肥料や農薬に頼った慣行栽培が嫌いだが、かといって、有機栽培の認証（ＪＡＳ規格）には固執しない。要はよい作物を育てればよいのであって、認証自体が目的化してはならないという発想だ。尿素系の肥料を使えば有機栽培の認証が取れないといった、有機栽培認証の非合理性もＫ名人には気に入らない。

残念ながら、Ｋ名人に師事する農家は少数派で、しかも、年配層が多い。Ｋ名人の指示に従えば、たしかに品質もよくなり気象変動への抵抗力も強くなる。しかし、少々品質がよくなっても、いまの消費者は舌が愚鈍だから評価してもらえる保証はない。また、異常気象への対策を強めるよりも、異常気象がきたときは皆と一緒に被害を受けて、政府に救済を求めるほうがラクだ。厄介なのは、親がマニュアル依存型農業をしている場合だ。その場合、後継者は、親の様子をみていて、耕作技能を磨くことへの関心が薄れている。農産物はマニュアル依存で作るものであり、あとは補助金の獲得や宣伝・演出で儲けようという安易な発想が染みついているのだ。

K名人に師事する農業者は親が農家でない場合が多い。北海道のタマネギ名人のNさんもその一人だ。もともとは散髪屋をやっていたが、一念発起して就農した。就農当初から、Nさんは熱心で、いい成績をあげた。ただし、就農当初のNさんの農法は農薬や肥料を使う慣行栽培だった。当時のNさんは、規模拡大志向が強く、最大時には百ヘクタールにもなった。Nさんの地域はタマネギ専業農家が多いが、たいがいは二十ヘクタール程度で、Nさんは地域で随一の大規模だった。

ところが、当初順調だったNさんの農業経営は、やがて慢性的な赤字に陥る。規模拡大は機械の稼動効率をあげたが、作物の管理がおろそかになり、費用に比べて売上が伸びなくなったのだ。ついには、ほとんど破産の一歩手前という状態にNさんは陥った。JAの追加融資も絶望的になり、Nさんも破産を覚悟した。だが、当時のJA組合長が、Nさんにもう一度チャンスを与えようと奔走した。Nさんは、組合長の厚意に感激し、組合長の期待を裏切るまいと、タマネギ作りを根本から見直すことにした。それがK名人への師事のきっかけだ。出費を減らし、手間ひまをかけてよいものを作るというK名人のやり方ならば、経営を建て直し、借金も返すことができるとNさんは考えた。

K名人のやり方をマスターするのは簡単なことではない。実際、K名人に師事するようになって最初の三年は、作物の出来も非常に悪く、まだ従来の慣行栽培にしていた方が収益があがる状態だった。その当時のNさんは技能が足りなかったし、慣行栽培のときの化学肥料や農薬の多投で、Nさんの農地がバランスを失っていたからだ。ちょうどアルコール中毒状態からアルコールを抜こうとして、禁断症状があらわれるように、Nさんも、最初の数年間は、もがいていたのだ。

五年目あたりからようやく慣行栽培のときなみの収穫ができるようになった。十年たって、すっかり、その地域で一番といわれるほどのタマネギを作るようになった。

Nさんのタマネギは、実際、おいしくて日持ちがよい。皮をむいて涙が出ない。健康的に育っているから細胞壁がしっかりしているのだ。Nさんのタマネギはやや小ぶりで、色艶がきれいなのですぐにわかる。とくに味つけをせず、炒めたり、スープに入れたりするだけで、おかずになる。硝酸由来の「えぐみ」がないからたくさん食べられる。Nさんのタマネギは近隣農家の二倍の値段がつく。農地面積も十五ヘクタールまで減らした。

Nさんは、私の家にもよく野菜を送ってくれる。タマネギはもちろん、いろいろな野菜を送ってくれる。もちろん代金はなしだ。師匠のK名人が、Nさんが野菜を送ってきたら、礼状を書くだけにしてお金や品物でお返しをするなと言う。厚かましい話だが、妻も私も、Nさんの野菜を楽しみにしている。Nさんの野菜をおいしく食べるのがNさんへの返礼だと思っている。

K名人の指導は土作りが基本だ。K名人の自家製堆肥には遠く及ばないが、Nさんの堆肥も近隣の農家の数段上を行っている。

Nさんはタマネギ以外にも、「勉強」と言って、いろんな作物を追加で作っている。Nさんも、K名人も、土作りがしっかりできるし、動植物のことを勉強しているから、どんな作物でも、きっちり作る。昨年はイチゴを作った。近くに何年もイチゴを作っている農家がいたが、Nさんのイチゴの方がはるかに出来がよい。ただ、Nさんは豪快な性格で、何でも力をこめて一気に片付けることに向いている。イチゴのように毎日収穫する作物にはあわない。よいイチゴが出来ているのだが、収穫が面倒くさい。結局、近所の保育園児に開放して、好きなだけもって行かせた。師匠のＫ名人は、「Ｎは作物の性格はだいぶんわかるようになったが、自分自身の性格がわかっていない」と苦笑する。

Ｋ名人は、近畿に本部がある某農業団体の講師という肩書きで、日本のみならず、韓国・中国にも出かける。中国での農業指導に対して、温家宝首相から直々に感謝を受けたこともあるという。

Ｋ名人の人生航路は、技能集約型農業の実践例としても参考になる。青少年期は農業自体には従事していなくてもよいから自然環境の中でわんぱくに遊び、自然の摂理を体得する感覚を養う。農業以外の世界も覗いたうえで、農業に従事する。生物化学などの基礎勉強を積む。柱になる作物を決めてそれで経営を安定させつつ、いろいろな作物に挑戦し、経験を積む。高齢となり、体が動きにくくなったら指導者として各地を回る。こういう人生航路を歩む人材が増えれば、技能も高まり、将来世代に対して大きな財産になる。残念だが、Ｋ名人のような人生を歩みそうな人材はなかなか見つからない。もしかするとＫ名人のような「人種」は日本社会から絶滅するかもしれない。

Ｋ名人や私が期待しているのは兵庫に農業ＩターンをしたＦさんだ。彼も農家の子供ではない。しかし、子供のころは釣り三昧だったから、自然の感覚がよくわかる。幼馴染と自転車に乗って、海やら川やら池やら、あっちこっちで釣りをしていたという。Fさんは大阪の私立大学に入ったが、世界旅行の放浪をして大学は中退した。廃屋同然の古農家に住みつき、三年前に農業を始めた。私も何度もそこに泊まったが、屋外にいるような寒さの中で眠り、くみとりもできないほど傷んだ便所で用を足し、よくもこんな生活ができるものだと驚いた。

周辺には耕作放棄地が目立つが、地主はよい農地は貸そうとしない。Fさんがかろうじて借りられたのは十アールばかりの水田と三十アールの畑だけだ。もともとFさんは農業は素人同然で、ろくなものは作れなかった。ラーメン屋や木工所にアルバイトに出て生計を立てていた。

そういう折に、FさんはK名人と知り合った。決して道のりは平坦ではないが二年目にして約百万円の農業生産ができるようになった。アルバイトもやめて、農業に専念する環境を整えつつある。一年目が十万円だったから、一気に十倍だ。それでも低所得であることには変わりがない。ただ、農業というのは、地元の人たちに受け容れてもらえれば、食べ物やいろいろな生活物資を分けてもらえるものだ。もちろん、日本社会はヨソ者排除の意識が強いから、地域に受け容れてもらうのはたいへんなことだ。Fさんのとびぬけて素直な性格があればこそ、地域にしっかり根づくことができるのだ。いろいろな紆余曲折はあるだろうけれども、FさんがK名人を継承する一人前の農業者になることを期待している。

ちなみに、新規就農者にとって必要な指導は、技術・技能指導だけではない。金銭の管理や取引先との人間関係の構築も不可欠であり、そういう経営指導も必要となる。Fさんの場合は、K名人の所属する農業団体から経営指導も受けている。野菜を購入してくれたお客さんへのお礼の仕方も含め、技術・技能指導と同様に厳しい指導だ。

Fさんには将来性がある。技術・技能指導であれ、経営指導であれ、それを受け容れる素地がないと効果がない。実はFさんをK名人に会わせたのは私だ。私は全国の農村を放浪するが、誰でも彼でもK名人に紹介するわけではない。農業者の資質や、集落の状況を見極めてからでないとK名人には紹介しない。Fさんの場合も最初は躊躇《ためら》った。しかし、何カ月もFさんの表情の変化を観察し、これなら大丈夫という確信が持ててから、K名人に引き合わせた。

少し前までならば、新規就農者には、技術・技能指導と経営指導があれば、足りたかもしれない。しかし、いまは、それに加えてマスコミ（「識者」を含む）対策も、重要な指導事項になっている。なにせ、マスコミや「識者」は、若者の新規就農を美化しがちだ。マスコミや「識者」に褒めそやされて「天狗」になってしまい、技能も磨かず地元民との協調も怠たるようになり、やがて潰れていく若者も少なくない。私は技術・技能指導も経営指導もしないが、そういうマスコミ対策をする役割なのかなと思う。

自然科学の勉強でも、農業の実践でも、まだまだFさんは独り立ちにはほど遠い。しかし、性格やカンのよさで、K名人も私もFさんに期待している。私も、Fさんと一緒に自然科学の勉強をしようかとも考えている。私は高校時代、理数科で生物や化学は得意だった。他人に勉強を強いるだけでなく、私も、一緒に自然科学の勉強を再開するのも悪くない。

K名人ももう六十歳だ。いつまでも現場に出られるとは限らない。K名人の技能を何とかして次世代に継承させたい。第1章で紹介した三浦・川上の場合は技能が継承されることなく死滅してしまったが、その愚を繰りかえしてしまってはあまりにも悲しい。

2　残された選択肢

本書で私は一貫して、技能集約型農業がいかに有用であるかを訴え、日本の自然条件が技能集約型農業に向いていること、ところが現実の日本農業では耕作技能が危機的に崩壊していることを指摘してきた。そして、この危機が農業ブームによって粉飾されているという矛盾を問題提起した。

崩壊の危機にある日本の耕作技能をいかにして救済し、技能の継承・発展へとつなげるかが農業政策の最大眼目だ。生産量や自給率なぞといった「嵩」に固執した議論は無意味だ。このままマニュアル依存型農業ばかりが繁盛すれば、中身のない農産物を宣伝やら補助金やらで売るというハリボテ状態になる。ハリボテの「嵩」が大きかろうと小さかろうと、中身が空っぽなことに違いはない。技能不足で低品質で環境にも有害な農業が増えるぐらいなら、「嵩」は少ないほうがましだ。

では、技能集約型農業を伸ばすためにはどうすればよいだろうか？　技能のある農業者を認定して補助金を出すという類の発想は駄目だ。行政であれ、「識者」であれ、野良にいない者には耕作技能を判定する能力はない。能力がない者が無理に判定しようとすると年齢とか作業日数とか外形的要件に固執することになる。そうなると、その外形的要件を満たすことが目的化した補助金受給が起こりかねない。

では、どうすればよいだろうか？　第1章以降、本書を通して、農地利用の無秩序化（「川上問題」）、消費者の舌の愚鈍化（「川下問題」）、放射能汚染問題の三つが、農業者が技能を磨こうとするのを邪魔していることをみてきた。これら三つを除去するための工夫こそが、技能集約型農業を育む政策だ。「川上問題」と「川下問題」の対策について、私案を別著で詳述しているので、以下にはおおまかなアイディアを記そう。

「川上問題」についての要点は、土地利用計画の明確化だ。現在は農地利用規制が有名無実化しており、いくら法律の文言上は規制があっても、実態としては関係者の意向次第で、違法脱法行為が蔓延している。このため、いつ農地が転用されて、それまでの地力投資が無駄になるか分からない。また、いくら本人が農業に打ち込んでいても、近隣で不適切な農地利用をされて、農業に打ち込めなくなる不安がある。こういう状態では、耕作技能が磨かれるはずがない。

理念論として、土地利用計画の明確化が必要なことに反対する人はいまい。ところが、いざ自分の土地の利用について制約が課せられると、「個人の土地をどう使おうと個人の勝手」というわがままが吹き荒れる。この結果、建築基準法違反の常態化にみられるように、農地・非農地を問わず、土地利用は無秩序化している。

　農地利用に秩序を求めなければならないが、そのためには非農家にも土地利用の秩序を求めなければならない。また、農薬の飛散による住民の健康被害、住宅の生活光による作物の生育障害など、農家と非農家のトラブルが絶えないだけに、非農家と農家の利害調整もしなければならない。このように農地の問題を非農家が「ヒトゴト」と考えている限りは、「川上問題」は解決しない。

　そもそも土地利用のように私益と公益が競合し、しかも地域密着型の問題は、単純な市場経済の競争原理は機能しない。計画的な土地利用が好ましいことは万人が認めるが、たとえば商業地の設定ひとつを考えても、閑寂な住環境を求めて抑制するか、街の賑わいや利便性を求めて拡大するかは個人によって価値観が異なる。

　日本社会では、土地利用については所有者の自由が認められるという私有財産権の曲解や、私権の主張と民主主義の混同が蔓延している。しかし、欧米先進国では、土地利用については所有者の自由が制約されることは常識だ。また、個人間で価値観が対立するような地域密着型の問題については、市民自身が討論のもとに解決策を探るという参加民主主義があってこそ、本来の民主主義だ。

米国では、市民自身が土地利用計画の策定と運用の義務を負うことで、この問題に対処してきた。市庁舎に夕方から夜にかけて集合して、侃々諤々の議論を重ねて、道路を拡幅するべきかどうかとか、建物の高さや色調など、さまざまな土地利用のルールを決めてきた。時間はかかるが、市民自身が決めることにより、遵守への意識が高まる。

土地利用計画の策定は、将来の街づくりを構想することでもある。逆にいうと、無秩序な土地利用をすれば、その不利益は長期にわたる。それは、四半世紀前のバブル時代の乱開発のツケにいまだに悩んでいることからもあきらかだ。将来世代の利益を保護するためにも、土地利用計画の明確化が必要だ。

日本でも農家・非農家を問わず市民自身が、地域の土地利用計画の策定・運用に参画することが求められる。このような参加民主主義の導入のために、少なくとも、下記の三点が求められる。

①平成検地

真っ先になすべきは「農地基本台帳」を徹頭徹尾見直して、どこにどんな農地があるのか、所有者は誰で、耕作者は誰なのか、徹底的に洗い出すことだ。第1章で説明したように、台帳上は農地なのに、実態は宅地や駐車場になっているケースは珍しくない。これだけ杜撰な現状把握では、そもそも政策設計の議論さえ始められない。これは、毎日新聞の井上英介氏が、いち早く、提唱しているもので、井上氏は「平成検地」と命名している。

いまはＧＩＳ（地理情報システム）も発達しているから、技術的には、平成検地は難しいことではない。平成検地を進めようとする際の最大の障壁は、個々の農地所有者からの猛烈な反発だ。すでに違法転用してしまった農家や、相続税が不当に軽課だった農家がある。また、これから転用を期待している農家もいる。そういう後ろ暗い農家は、平成検地に猛反発し、「俺の土地を俺が勝手に使ってどこが悪い」と開き直ることも考えられる。

平成検地を実施して、現在の農地利用の実態を明らかにするためには、都市部に住む一般市民の協力も不可欠だ。というのも、第1章で指摘したように土地利用の無秩序化では都市部も同じだからだ。農家からしてみると、「どうして都市住民の杜撰な土地利用は不問にされ、自分たちだけが土地の境界線が違っていないかとか所有者は誰なのかとか、細かいことを言われなくちゃならないのだ」と思うのは当然だ。

農地のいかがわしい錬金術を咎めるのならば、都市住民に対しても違法は違法として取り締まっていく体制を作っていかなければ平等ではない。日本の国土をこれからは自分勝手に使うのではなく計画的に有効利用していくためには不可欠なことだ。平成検地を実行するためには、期日を限って過去の違法行為を自主的に申告した場合は罰則を減免するなどの思い切った措置も必要だ。

②徹底した情報公開

農地基本台帳の情報をはじめ、どこでどういう転用計画が持ち上がっているかとか、いつどういう理由で転用を許可したかなど、土地利用に関わる情報を、克明に情報公開するべきだ。それが違法行為や脱法行為の抑止効果を持つからだ。たとえば、分家を名目に農地の転用許可を取り、転用して家を建てたら第三者に売ってしまうという脱法行為をする人もいる。どういう理由でいつ転用の許可があったのかが公開されていないので、市民があえて、農業委員会に照会しない限り、この脱法行為は誰にも見咎められない。しかし、もしも、市町村のホームページ上で「分家目的での転用」が載れば、さすがに「本当に分家なのか」という周囲からの猜疑の眼を気にせざるをえなくなり、脱法行為を思いとどまるだろう。また、農地基本台帳の記録上は農地のまま、駐車場にしてしまうという違法行為（第1章で紹介した輿石東参議院議員の事例も含まれる）も、「ホームページに載っていないのに駐車場に転用されているのではないか？」という類の市民からの照会が起こるようになり、農家も違法行為がしにくくなる。

情報公開の重要性を物語る例として、二〇一〇年十月に発覚した天理市の生産緑地の違法転用事件を紹介しよう。三大都市圏の市街地農地で、所有者が生産緑地への指定を希望すれば、固定資産税や相続税負担の軽減とひきかえに、農地の農外転用が「原則として」禁じられるという制度がある。ここで、「原則として」というのは、所有者が重病などの「やむをえない事情」で営農継続が困難になったときには、一定の手続きの後、転用が認められるからだ。

この「やむをえない事情」を悪用して、所有者が重病に罹ったというニセの診断書が提出され、生産緑地にアパート建設が許可されたという事件が発覚した（「読売新聞」大阪版夕刊二〇一〇年十月二十八日付）。東建コーポレーションという不動産業者の社員が、天理市の生産緑地の所有者を飛び込みで訪ね、「転用の方法はあるから」とアパート建設を持ち掛け、ニセの診断書を準備したのもその社員だ。ちなみに、重病の中身は腰痛だ。

腰痛程度の軽微な病気でも、生産緑地の営農中断の理由になっているのだ。この記事によると、あまりにも簡単に生産緑地の転用許可が出るものだから、不動産関係者の間では感覚がマヒしてしまい、この類の不正はかなり蔓延している（ただし発覚はしていない）可能性があるという。ニセの診断書はもちろん悪いことだが、重病の中身が所有者の都合のよいように恣意的に解釈されていることが、このニセ診断書の事件のおかげであかるみに出たわけだ。

市街地の真ん中に農地が残っていても、それが生産緑地の指定を受けているのかいないのか？　生産緑地の指定を受けることでどの程度の税負担の減免を受けているのか？その生産緑地が転用されたとき、どういう事由で転用されたのか？　こういった情報を公開することに、行政はひどく消極的だ。市民があえて役所に情報開示請求を行わない限り、行政が公開することは稀だ。

もしも情報公開が積極的に行われていれば、どうだっただろうか？　生産緑地の税負担の低さを知れば、市民はきちんと農業をしているのかを真剣に監視しただろう。重病を理由に転用を認めた場合、土地所有者の周囲の人たちは、本当に農業ができないほどの重篤な状態にあるのかと猜疑するだろう。つまり、情報公開をすれば、行政も農地所有者も不動産業者も慎重に行動せざるをえなくなる。恣意的な重病認定も行われなかっただろうし、違法行為も抑止できただろう。また、市民も、生産緑地という制度がよいものかどうかや、さらには地域の土地利用はいかにあるべきかについて、より真剣かつ具体的に考えるようになろう。

③人から土地への大転換

従来から、さまざまな「識者」が農業政策を論じてきているが、ほとんどの場合、「どういう人（ないし企業）が農業にふさわしいか」に議論が集中しがちだ。大規模営農がよいとか、異業種からの参入がよいとか、若者がよいとか、定年帰農がよいとか、農業者の理想像ばかりが膨らむ傾向がある。そういう発想を根本的に改め、「どういう土地利用がふさわしいか」を農業政策設計の中心に据えるべきだ。補助金支給であれ農地利用規制であれ、「ふさわしい人（ないし企業）」を指定するのではなく、「ふさわしい土地利用」を指定するのだ。「人から土地へ」と称するべき農業政策の考え方の大転換だ。

農業技術に長けた人（ないし企業）に農地を使ってもらうのがよいのは間違いない。しかし、誰が農業技術に長けているかを、行政なり「識者」なりが判断するという発想は厳に戒められるべきだ。どの職業でも、一見すると、単なる変わり者と思われていた人が、新たなビジネスモデルを生み出して世間をあっといわせるということがある。行政や「識者」には革新者を見抜く能力はないと考えるべきだ。

本書で提唱するのは、徹底した農地の利用規定を作成し、その利用規定さえ守っていれば、誰が農地を使っても自由にするというものだ。たとえば、栽培してよい作物、撒いてもよい肥料・農薬の種類や量、農作業をしてよい時間、土地の肥沃度の維持のためにするべきこと（たとえば春先に蓮華草の種を撒くとか）、共用の用水路の掃除への参加義務など、農地の一筆一筆に、詳しく利用規定を設ける。たとえば、有機農業を行う農地と通常の農業を行う農地が隣接しないようにするなど、地域全体のバランスを考えて利用規定を作る。そして、その利用規定さえ守っていれば、誰が農地を使ってもよいとする。そうすれば、より高い小作料ないしより高い地価を提示できる農家が耕作することになる。これこそが市場経済における競争メカニズムだ。競争メカニズムで勝ち残るのは大規模農家かもしれないし小規模農家かもしれない。若者かもしれないし高齢者になるかもしれない。しかし、それは高い小作料なり地価なりを払っているのであれば、それで構わない。

地力収奪や周辺の農業に悪影響がでないように農地利用のルールを先立って決めてあるのだから、そのルールを守っているのであれば、何をやってもそれは本人の発意として尊重するべきだ。そういう自由な発意の中から革新が生まれる。

以上のような参加民主主義の体制を整備した上で、日本全体の農地面積を計画的に減らすことも真剣に考えるべきだ。現在は、条件の悪い農地にも無理やり公共事業を投入する傾向がある。具体的には、条件が悪すぎて山に戻したほうがよいような耕作放棄地を農地に戻すための公共事業や、ほとんど利用されてもいない農業用水路の改修だ。戦後の食料難時代に無理やり切り拓いた山間地の農地は、植林をして山に戻すほうが環境にもよい。農地は耕作技能の修練の場と位置づけ、守るべき農地に限定的に最高級の灌排水設備を導入するべきだ。

蚕食的な農地転用を防ぐため、先手を打って、農地を計画的に農外に放出した方がよい。国内農業の生産量は減るだろうが、それは農産物価格水準の引き上げになり、耕作意欲を増進させるだろう。農地を計画的に農外転用するためには、毎年どれくらいの農地面積を放出するかとか、どうやって計画的土地利用を担保するかを工夫しなくてはならない。その工夫の一つとして、私がかねてから提唱している転用権の入札構想が有用だろう。詳細は拙著『さよならニッポン農業』（NHK出版、二〇一〇年、第五章）を参照していただきたいが、その具体的な手順は以下のようになる。

①向こう数年間にわたって、一年ごとに日本全体で転用するべき面積を設定する。
②利害関係者、学識者、市民団体代表などからなる政府直轄の転用審査会を立ち上げる。転用希望者は転用計画を審査会に提出。審査会は個々の計画の公益性を判定したうえで、優良な転用計画ほど低い「倍率」を与える。
③転用権の入札を開始する。転用をしたいものは、単位面積当たりの金額を入札額として書き込み、入札額の大きいものから落札できる。落札者は、入札額に「倍率」をかけた金額を国庫に納める。

3　消費者はどうあるべきか

「以前は品質への関心が強かったのに、いまの日本は価格の引き下げ要求ばかりだ」、「日本の残留農薬、残留成長ホルモンやサステナビリティー（農場や食品工場などで省エネや自然環境に負荷が少ない生産方式を採用すること）への関心は低い」。ニュージーランドで対日食料品輸出を手がけてきた業者がしばしば口にする意見だ。

日本の消費者は、自分たちは食料品の安全性や品質に敏感な国民だと思い込んでいる傾向がある。農業ブームはそういう「思い込み」を助長している。しかし、それは自己陶酔にすぎない可能性がある。半導体や家電の例をみればわかるように、日本人は大した根拠もないのに、自分たちは品質や安全性を重視しており、自国産のものが世界で最高だと思い込むという悪い習性がある。長らく日本を上客にしてきたニュージーランドの業者の声は傾聴するべきだ。事実、彼らは、日本の要求に応じて、対日輸出は、品質よりも価格重視に切り替えているのだ。

本書では、食生活の乱れや保存料の多用（とくに発がん性の高い保存料は味にも影響を与えるので調味料の多用も招く）で消費者の味覚が壊れている可能性を指摘した。そして、「有機栽培」などの「能書き」や顔写真などの宣伝・演出に頼るようになる風潮を、「川下問題」として紹介した。この結果、環境破壊的で品質も悪い農産物が、宣伝と演出次第で良質なものと評価され、高値で売れたりする。このような状況では、農業者は技能を磨くのが馬鹿馬鹿しくなる。

本来、人間の舌にはよしあしを判定する能力がある。ところが、孤食化など食生活の乱れにより、その能力が退化している。いかにして、本来の能力を回復させるかが「川下問題」の解決の主眼となる。「川下問題」の解決は、耕作技能の再生のみならず、消費者の健康増進のためにも必要だ。そもそも、味覚が鈍化するほど食生活が乱れていては、どんなに良質な農産物を食べても健康増進には資さない。

本来の舌の能力を回復できるかどうかは、第一義的に消費者の意欲次第だ。家族の団欒の確保、冷蔵庫の整理、嗜好性食品の抑制など、ごく普通の努力が続けられるかだ。そういう努力をしないで、行政や生産者や流通業者に安全・安心・利便性を一方的に求めるならば、舌の能力はますます悪化し、品質の悪い農産物を宣伝と演出で売るという風潮に歯止めがかからない。

大人の食生活の乱れが、社会的遺伝として、味覚や生活習慣の形成期の子供に悪影響を及ぼす。骨折や肥満が増加するなど、歯止めなく子供の健康が悪化している。この健康危害は、社会保険を破綻させかねない。近年、社会保険が少子高齢化によって将来的に維持不可能になることが心配されているが、高齢になっても働き続けられるほど元気であればなんら問題はない。食生活が悪化し、健康危害による労働能力の低下や医療費・介護費の増大によって社会保険が破綻する可能性こそ、憂うべきだ。

それでは具体的にどのような方策を取り得るのか。私は、かねてから「社会保険料の食生活連動制」と称して、食生活のコンテストを使った食生活改善の動機づけを提唱している。この構想に私は自信を持つが、紙幅の制約もあり別稿に譲る（神門善久「何が食生活を乱したのか」、『世界』二〇〇八年五月号）。本書では、もっと身近な取り組みの一例として、私の友人のHさんを紹介したい。


Hさんは中堅の冷凍食品会社の社長だ。三十歳そこそこで父親から会社を引き継いだ。いまでこそ、社長らしくしているが、かなりやんちゃな青年期をすごしている。人前では公言できないような武勇伝も数多いが、そのバイタリティーはHさんのいまの仕事ぶりにも反映されている。Hさんは業界で注目の社長だ。

Hさんは食べるのが好きだ。といっても、大食漢ではない。いつも腹八分で抑える。昼食を食べているときは、次の夕食もおいしく味わいたいと思う。夕食を食べているときは、翌日の朝食もおいしく味わいたいと思う。そのためには、次の食事も適度の空腹で迎えられるようにしようというのだ。必要ならば、スポーツで食事前にカロリーを消費してほどほどの空腹状態を作っておく。ちょうど、ビール好きの人が、ビールをおいしく飲みたくてランニングをするのにも似ている。それだけの準備をしているから、一回一回の食事は、一噛み一噛みに、味を確かめる。もちろん、食卓の会話も楽しむが、だからといって味の確認が疎かになることはない。

Hさんの会社の主力は和食惣菜だが、Hさんは和食へのこだわりはない。「日本食が世界最高」なぞという思い込みは、食事を味わうのにはかえって邪魔だ。世界中のいろいろな食材に挑戦してこそ、舌も鍛えられる。

ちなみにHさんは「わが社の製品は、人生最後の日の昼食に選んでもらえるようなものでありたい」という。「人生の最後の日」に選んでもらえるのだから、おいしくなければならない。だが、夕食ではなく昼食というのがミソだ。

「最後の夕食は、その人だけの最高で特別の味でなければならない。それを規格品で完璧にとらえるのは無理だし、規格品で満足されるようなことがあってはならない」とHさんは笑う。

新しい恋人ができれば、人は、どうすれば楽しいデートができるかを一生懸命に考える。そして、デートの当日は、せっかくの恋人との時間を最大限に楽しもうとする。予定どおりに行ったり行かなかったりだが、そういう試行錯誤も楽しいものだ。それと同じで、一回一回の食事をデートのように大切にできないだろうか。Hさんはそれを実践しているのだ。

私はHさんを幸せな人だと思う。よく、人生の幸福はお金ではないとか地位ではないとかいう。では、何が人生の幸福なのだろうか？　私は「メシがうまい」というのが、人生の幸福ではないかと思う。私自身、摂食障害に苦しんだ時期がある。摂食障害を脱して自分の舌で食事を味わうことができたときの幸福感を忘れることはないだろう。

お金や地位は、メシのうまさを保証しない。貧しい人や失意の人が、家族の団欒の中で一口のスープをすすって至福を得ることがある。どんな人にも、工夫次第で「ビル・ゲイツでもこれだけうまいメシは食えまい」と胸を張るような食事ができるはずだ。

食事とは、人間の生命のために他の生命を犠牲にする行為だ。その行為から愉悦を感じるのはある意味では残忍かもしれない。しかし、それでこそ、生きている幸せを感じるのではないか。人間のために食用動植物の命を奪うのだから、おいしく食べるための努力ぐらいはするべきではないか。己の体内に消え行く他の生命の痕跡を確認するために、舌に神経を集中するのは、当然のことではないか。

第1章で書いたように、私には絶品の農産物を手に入れられるという幸運がある。虚偽の「農業ブーム」の陰でいまや絶滅の危機に瀕している名人農家が、私に厚意で農産物を送ってくれる。その記述を読んだ読者は、自分も手に入れたいと思うだろう。

あいにくだが、簡単な方法はない。なにせ、「名ばかり有機栽培」が横行している現状だ。消費者が「お客様」の立場に安住して、流通業者や農業者に責任転嫁しているかぎり、本当に出来のよい農産物は得られないと覚悟するべきだ。

私の知人のOさんは、よい農産物を求めて、自ら各地の栽培状況を見に行く。Oさんは、雑誌や世間の評判をあてにしない。友人たちと有機野菜で有名な農園に行っても、作物の出来が悪いと、堂々と「ダメな野菜」と公言するものだから、しばしば周囲を慌てさせる。他方、期待する農業者には、Oさんは惜しみなく支援する。実は、Oさんは小規模な惣菜屋を営んでいて、病院食も供給する。病気を防ぎ、健康を取り戻すためには、食材がいかに大切かがよく分かっているのだ。

「そんな面倒なことを消費者に求められても困る」と反発する読者もいるだろう。だが、演出や宣伝重視という風潮を作って農業者の心を歪めた責任の一端は消費者自身にもある。消費者自身が応分の反省や努力をするのは当り前だ。手軽に簡単によいものを手に入れようなぞというムシのよい考えは捨てるべきだ。

この点で、一九七〇年代の消費者運動は、再評価されるべきではないか。この当時は、食品公害が社会問題化し、それへの対抗手段として、消費者の自発的な活動が盛り上がった。典型的には、生協の班活動だ。食品を流通業者任せにするのではなく、消費者自らがグループを作って、農村に出向き、生産者からの共同購入をした。送られてくる農産物の仕分けや、食材の勉強会も消費者自らが行った。もちろん、これらの取り組みにおいても、たぶんに一過性に過ぎなかったり、商業主義に流れたりといった問題も多々みられ、無条件に礼賛はできない。そういう問題点も含めて、消費者の自発的な取り組みの可能性を考えるうえで、一九七〇年代の模索に学ぶことは有用だ。

一九九〇年代以降、生協は個別宅配に力を入れるようになり、班活動は下火になった。この背景には、女性の社会進出や宅配便の発達など、さまざまな理由がある。しかし、いまや、お金や時間に余裕があるはずの専業主婦でも、家事に時間をかけない傾向があると指摘される（たとえば、岩村暢子『変わる家族変わる食卓』中央公論新社、二〇〇九年、参照）。要するに、消費者が利便性を重視するあまり、農産物の品質がないがしろにされたのではないか。

消費者が自分の舌を鍛えたうえで、自ら農村に出向き、農業者を探さなくてはならない。そして、その農業者と信頼関係を作らなくてはならない。名人農家が不断に生育の状況把握をしてこそ健康的に作物が育つように、名人農家と日常的に良好な人間関係を構築していてこそ消費者も絶品の作物を手にすることができる。

消費者が農産物の栽培について、基礎的な知識を持っておくと、農業者とのコミュニケーションも滑らかになるだろう。この点で、消費者には観賞用の花の栽培を勧めたい。最近は屋内や庭先で野菜を育てるのがブームのようだが、そういう環境は野菜には向かない（見ようによっては植物虐待だ）。観賞用の花は、人間と一緒でなくては生きてはいけないように変質させられてしまった植物だ。観賞用の花には美しさとともに、そういう変質を平然とさせてしまう人間の傲慢さも表れる。野菜も花も植物だから生理には共通部分が多い。実際、技能のある農業者は、たいがい花を好むし、育てるのも上手い。

4　放射能汚染問題と被災地復興対策

放射能汚染の危惧が国の内外で拡がっている。国内でも東日本産の農産物が敬遠される傾向が強い。福島産のみならず、東北・関東の農産物が総じて売れない。露地野菜やコメはいうまでもなく、施設園芸や畜産物でも値崩れ状態だ。

海外からの警戒感はさらに強い。強弱の差はあるが、原発事故から一年を経て、四十カ国が輸入規制をしいている。公的な輸入規制がなくても、日本産農産物への需要が減退している。

よく風評という表現がされるが、「根拠がない風評を信じるほうが悪い」という単純な図式は成立しない。まず、第一に、日本人自身が、原発事故以前は「海外産農産物は危険」という「風評」で海外産を不当に低評価してきたという事情がある。第1章および前節で述べたように、国産農産物が安全安心だという根拠は薄弱だ。原発事故以後の「風評」を問題視するのならば、原発事故以前のいわば「逆風評」への反省が不可欠だ。

第二に、低線量放射能汚染については科学的知見が蓄積されておらず、放射能汚染を神経質に危惧することを「根拠がない」とは断じられない。原発事故から一年たっても基準値を超えた放射能汚染が検出されており、少なくとも向こう数年間は完全な除染はないと考えるべきだ。

もちろん、科学的知見が不十分な点では、ＧＭＯ（遺伝子組み換え）や農薬の有害性についてもいえる。ＧＭＯや農薬にどの程度の有害性があるのかは、まだ科学的にも未解明の部分がある。だが、そもそも、摂食という行為自体が、他の生物を体内に取り込むことであり、栄養とともに危険要素も体内にとりこまざるをえない。したがって、科学的に百パーセントの安全性が食物について証明されるということなぞありえない。すべては程度問題ということになる。しかも、遺伝子に人為的な措置を施してもＧＭＯには判定されないケースがあるなど、境界線は一般に考えられているほど明確ではない。このような状況で、ＧＭＯや農薬をはじめ、危険要素を全面禁止すれば、太古の農業生産に逆戻りになり、現在の世界人口を養うのは不可能になる。このように考えると、放射能のみならず、農産物の安全性に関する基準は、科学的知見をふまえながら、消費者や農業者が議論を重ねることが不可欠だ。

その際、日本のみならずアジア全体での安全性基準作りをしなければならない。近い将来、アジア太平洋地域での農産物取引は活発化するだろう。東日本大震災のように、食料品の緊急輸入に迫られる事態もいつ起こるとも限らない。このように考えれば、日本国内だけの安全性基準は有効性を欠く。

震災後、農業についても復興の政策提言が喧《かまびす》しい。さまざまな提言が寄せられているが、マスコミや「識者」からの提言は、三月十一日以前と同様に、「規制緩和」、「企業の農業参入による大規模化」、でほぼ共通している。それどころか、津波で広大な荒地が生まれたことを「好機」とみなし、これらの計画を一気に進めようという論調が目立つ。

このような論調を聞くと、原発事故から何も学んでいないのではないかと懐疑せざるをえない。企業による大規模農業では、機械や装置の稼動効率を高めるために省力化技術が採用されがちであり、利用可能な農地面積に限りがあることを考えれば、被災地での農業労働需要を削減することを意味する。被災地の中には、農業以外には就業機会が少ない地域も多い。もしも、大規模農業に席巻されれば、従前の農業者が離農を余儀なくされて、いくばくなりとも就業機会のある首都圏へ移動するケースが多発する。これでは、東京一極集中による首都圏の巨大な電力需要が東北に原発を建設させたことをまったく反省していないことになる。しかも、機械や装置への依存は化石エネルギー多投入と同義であり、原発事故が省エネ社会への転換を迫っていることにも逆行する。

被災地の土地利用の再計画については、拙速を避けなければならない。農地と非農地の交換とか、農地の区画など、具体的内容を詰める際は、地域住民が自分たち自身でルールを作らなくては、そのルールを皆で守るという意識も生まれない。土地利用計画の策定や運用を行政任せにしている限り、またしても「所有地をどう使おうと個人の勝手」という意識が頭をもたげ、違法脱法行為が蔓延して「元の木阿弥」となりかねない。農地は水利権や抵当権の確認が複雑なうえ、被災に関連して土地の境界線や損害請求額の確定に膨大な労力が必要で、農業団体との連携も不可欠だ。地震の被害といっても、津波による冠水ばかりではなく、灌排水路の被害など多様だ。津波で一掃された地域でさえ、元の所有権・利用権・抵当権などさまざまな権利が消えたわけではなく、それらを整理するだけでも膨大な時間と作業を必要とする。

要するに、被災地を白地のキャンバスに見立てて自由にアイディアを競っても空しい。復興計画の「策定・運用過程」をいかにして透明・公正に進めるかが大切だ。最初から完璧な復興計画を描こうとせず、小さな失敗と検証を繰り返しながら、地域住民が学習し、改善していく仕組みを構築するべきだ。

どういう土地利用計画であれ、復興工事には費用がかかる。被災地の中には、被災以前から農業が苦戦していた地域もある。単純な費用便益計算では、この際、被災地の農業をあきらめるということもありえる。しかし、地域の文化・経済活動を維持するためには、ある程度の財政負担を常態化してでも農業を残さなくてはならない場合もある。

そのためにどの程度の費用分担をするのかは、被災地のみならず、日本全体の問題でもある。

被災地の復興と農業の復興は必ずしも一致しないことに注意するべきだ。個々の優秀な農業者を伸ばすという農業振興の観点からは、あえて被災地を去って代替地を求めることを支援するべきケースも少なからずある。被災地にとっては人材流出になりかねず、痛みの伴う選択だが、当該農業者が移転先で十全に営農の意欲と能力を発揮できるのならば、それが被災者の利益になるし、日本農業の利益にもなる。

そもそも、日本の各地で、きちんとした耕作技能を持つ者がいなくなって農地が荒れているところがある。今後、そういう地域が増えるのは避けられそうにない。したがって、被災地の農業者に限らず、これからは農業者が地域の枠を越えて積極的に移転していくことも考えるべきだ。

実は、異なった土地での耕作を経験することが、技能を練磨する機会になることも多い。向上心の強い農業者は、平時でもあちらこちらの同業者の耕作技術を勉強に行くし、自らの意思で別天地を求めて移動することもみられる。新たな土地では、作目の選択や土壌改良からやり直さなくてはならないが、その試行錯誤を通じて、作物の特性や、農家自身の得手・不得手がわかるようになる。そう考えれば、震災で移転を余儀なくされることも、前向きに受け止めることができる。

農業者の移転を促そうとするときに障壁となるのは、「ヨソ者排除」という日本社会の悪しき風習だ。移転の候補地域にいくら優良農地があっても、優良農地の所有者が耕作放棄をし続け、移転希望者に提供されるのは条件の悪い農地ばかりであったり、年数の短い貸し出ししか受けられなかったりする。それでは地力作りにも専念できず営農の意欲・能力が挫かれる。

「ヨソ者排除」の悪しき風習は、法律の問題ではない。政治家や官僚や東京電力の問題点を指摘するのはよいが、彼らに責任を転嫁しても解決にならない。市民自身が「ヨソ者排除」の意識を戒めなければならない。被災地の問題を非被災地の人間がどれだけ自分の問題として受け止められるかが問われている。

終　章　日本農業への遺言

本書の主張は下記の四点に要約できる。

①日本農業の本来の強みは技能集約型農業にある。

②耕作技能の発信基地化することにより、農業振興はもちろん、国民の健康増進、国土の環境保全、国際的貢献など、さまざまな好ましい効果が期待できる。

③しかし、その農地利用の乱れという「川上問題」、消費者の舌の劣化という「川下問題」、放射能汚染問題の三つが原因となって、農業者が耕作技能の習熟に専念できず、肝心の耕作技能は消失の危機にある。

④マスコミや「識者」は耕作技能の消失という問題の本質を直視せず、現状逃避的に日本農業を美化するばかりで、耕作技能の低下を助長している。

残念ながら、正直に言えばもはや耕作技能の回復は不可能ではないかとも感じる。前章で、日本の耕作技能を回復させるための提案もしたが、おそらく手遅れだ。ここ数年の農業ブームのおかげで、一気に事態は悪化の速度を上げてしまった。

社会が現状逃避的になって架空の議論に盛り上がるというのは、七十五年前にまさに日本社会が経験したことだ。「大東亜共栄圏」だの「神国日本」だの「神風」だの、虚偽の繁栄論がマスコミと「識者」によって流布された。政府の統制があったから仕方がないという見方がされがちだが、「不快な事実は知らないことにしておこう」という大衆の心理があって、それをマスコミや「識者」が汲み取っただけという見方もできるのではないか。

百年にも満たない年月で社会が根本的に変わるはずがない。産業革命にしてもルネサンスにしても、百年をも超える連続的なものだと現代人は判断している。今も七十五年前も、後代からみれば、大差なく映ることだろう。

「自由」なはずの今日の日本においても、不愉快な正論を大衆は抹殺しようとする。マスコミと「識者」が事実を捻じ曲げた論陣を張ることでそういう大衆に迎合する。本書では、農業という話題を使って、七十五年前も今も変わらない日本社会の体質を描いた。

おそらく、日本社会の同質性の高さが、この歪みの元凶だろう。不快な事実から目を背けようとするのは日本人に限ったことではない。しかし、異質性が高く、価値観の異なる隣人に常に晒されている社会では、相互監視の緊張感があり、非生産的な逃避行に対しては隣人が目ざとく咎める。ところが、日本社会は同質性が高いため、まとまって「見なかったことにしよう」という雰囲気を作れば、それが通用してしまう。

本書では、今日の農業問題について、執拗にマスコミや「識者」（自称・改革派であれ、自称・保護派であれ）の誤謬を指摘した。私からみれば、「自称・改革派」も「自称・保護派」も同類だ。馴れ合い的に激論の真似をしているだけで、両者は真実から目を背けて虚構に逃避しているからだ。

こういう論陣を張るからには、今後、私がマスコミや「識者」から敬遠され、発信機会がなくなることも覚悟しなければならない。実際、ここ数年、私は発信しにくい気配をだんだん強く感じている。

研究者にとって、真実への畏怖こそが大切であって、それ以外に怖れることはない。

しかし、優れた耕作技能が漫然と消失していくのは悲しく、自分の非力に憤慨し、自責の念に駆られる。おそらく、私が研究者として活動したこの三十年間は、後代から、耕作技能が消失した時期と断じられるだろう。私もプロの研究者なのだから結果に対して言い逃れはできない。私が非力だということは、私も耕作技能消失の加害者だと認めなくてはならない。

日本（とくに放射能汚染の危惧のある地域）の農業は、耕作技能を失い、マニュアルに依存するばかりのへたくそ農業に席巻されつつある。規模の大小か、営農主体が個人か企業かを問わず、形ばかりのハリボテ農業（耕作技能やよいものを作るという魂を失った農業）に席巻されつつある。気候さえ恵まれれば生産量は取れるかもしれないが、栄養価も低く、環境にも悪く、高コストで国民経済の負担になるだろう。そして、気象変動に敏感になり、緊急輸入やらダンピング輸出やらを繰り返すようになるかもしれない。

耕作技能の崩壊は、将来世代に対する負の財産だ。耕作技能の回復はもはや手遅れだとすれば、私がなすべきことは、崩壊のメカニズムを記しておくことだ。国内外の将来世代は、日本社会がどういう特徴を持っているかを知るための材料として本書を利用して欲しい。また、この日本の愚かな経験の轍を踏まないよう、教訓として欲しい。

耕作技能の崩壊をとめられなかったことについて自責の念に駆られる一方で、きわめて不遜なことだが、マスコミや「識者」から嫌われる真実を知っているというのは、研究者としての幸せなのかもしれないと思うときがある。ガリレオでもメンデルでも、同時代人から理解されずに苦しんだが、彼らしか訴えられない真実を持っていたというのは、研究者としては羨ましい。私は彼らのような偉人ではないが、私だけが訴えられる真実を持っていて、それに対する社会の無理解を体験できるというのは、このチンピラ研究者にはずいぶんぜいたくな経験ではないかとも思う。私は干されても構わない。ただし、十一歳年下で生活力のない妻をどうするかが気になる。

本書は、類型的な社会論に対するある挑戦も秘めている。その挑戦とは、「人間社会の愚かさに詠嘆する」というものだ。私は人間の不正直は責めるが、人間の愚かさ（自堕落になって、すべてを台無しにしてしまうという類のこと）は責めない。自堕落に陥っているのに、あたかも公益や正義であるかのような言動をする人がもしもいれば、私はその人を厳しく詰問する。しかし、自堕落に陥っていると告白する人に対しては、私はわが身に共通する愚かさに、一緒に涙したい。

日本農業で耕作技能が衰退していくプロセスは、人間の愚かさの凝縮だ。農地利用の乱れとか、農業政策の地方行政の崩壊とか、消費者の舌の劣化とか、それぞれの問題に、自堕落で大事なものを失うという人間の「粗忽さ」がある。私はそれを批判するのではなく、ありのままに描いて、詠嘆をしたい。

本来、「人間社会の愚かさに詠嘆する」というのは、小説とか芸術の仕事だ。小説や芸術に、万人に共通する愚かさが描かれているとき、人々は感動する。その感動のメカニズムをこの新書でやりたいというのが私の意図だ。こういう心境になったのは、3・11以降の私自身の経験が大きい。

3・11以降、私は「識者」にげんなりした。3・11直前まで、「日本の原発は世界で一番安全・安心」と、したり顔で「解説」していた「識者」が、臆面もなく、3・11以降も「識者」としてマスコミに登場し、東電批判をまじえて「解説」する。顔も売れて、発信機会も増えて、さぞや「繁盛」しているだろう。「識者」の無節操さ・卑怯さは、実に情けない。しかし、ひるがえって自分自身はといえば、3・11の原発ショックで、わが身を守ることばかりを考えていた。これまで報道のウソなどを研究していただけに、初期報道で原発がチェルノブイリ事故並みになるだろうと直感した。その直感を誰にも言わず、自分だけは助かりたいという一心で行動した。明治学院大学の授業で、いつもは学生の前で公益を口にしていながら、私は単なる臆病な偽善者でしかないことを認めざるをえない。3・11以降、マスコミで「識者」を見かけるたびに、(彼らのような発信力はないが)、わが身に共通する醜悪さをみせつけられてがっかりする。

たまたま友人のスティーブ山口(トラベル東北社長)がボランティア・ツアーを企画していたので、被災地に三回ばかり行った。これで免罪になるとも贖罪になるとも思わない。単に、友人に付き合うというだけのことだ。それに、迷っているときは体を動かしたほうがいい。スティーブ山口は、社会福祉協議会を通さずに自ら先頭にたって働くのだから、たいへんに刺激的だった。

私のスランプは相変わらずだが、ようやく気を取り直して本書に取り組んだ。「悪者探し」はしたくない。人間社会の愚かさを、自分自身の嗚咽を搾り出すようにして書いた次第だ。

●主要な参考文献

・井上英介「記者の目：『農地漂流』の現実、直視せよ」(「毎日新聞」二〇〇九年四月十五日付け記事)
・岩村暢子『変わる家族変わる食卓』(中央公論新社、二〇〇九年)
・「映像'11　農業だけで食っていけ～土作り名人の遺言」(毎日放送、二〇一一年一月二十三日)
・「亀田郷の夢はいま　平場優良農地の苦悩」(「新潟日報」二〇一一年十一月九日～十一日付け記事)
・小針美和「米政策改革の動向」(『農林金融』、二〇〇八年七月号掲載)
・斎藤修『比較経済発展論』(岩波書店、二〇〇八年)
・「食の自給　外国人頼み」(「朝日新聞」二〇〇八年四月二十日付け記事)
・白岩立彦・桂圭佑・島田信二・川崎洋平・村田資治・本間香貴・義平大樹・田中朋之・田中佑「ダイズ単収の日米地域差の拡大要因に関する作物学的調査―視察報告(第2回)米国における圃場・作物管理―」(『作物研究』56　p93-98、二〇一一年)
・新留勝行『野菜が壊れる』(集英社、二〇〇八年)
・鈴木直次『アメリカ産業社会の盛衰』(岩波書店、一九九五年)
・アダム・スミス著『諸国民の富』(大内兵衛・松川七郎訳、岩波文庫、一九五九～六六年)
・辻本雅史「歴史から教育を考える」(辻本雅史編『教育の社会文化史』所収、放送大学教育振興会、二〇〇四年)
・寺西重郎『日本の経済システム』(岩波書店、二〇〇三年)
・日本経済団体連合会「農林漁業等の活性化に向けた取り組みに関する事例集」(二〇一一年三月)
・日本経済団体連合会「力強い農業の実現に向けた提言」(二〇一一年二月)

・「農業ブームを煽るマスコミは無責任だ」（『テーミス』、二〇〇九年十一月号）
・「農地―諸悪の根源は『農業委員会』のウソ」（『テーミス』、二〇一〇年一月号）
・「農地漂流」（「毎日新聞」二〇〇八年九月～二〇〇九年四月にかけて断続的に連載）
・農林水産省「我が国の食と農林漁業の再生のための基本方針・行動計画」（二〇一一年）
・野村アグリプランニング&アドバイザリー株式会社『植物工場のビジネス化に向けて』（二〇一一年七月）
・本間正義『現代日本農業の政策過程』（慶應義塾大学出版会、二〇一〇年）
・山室信一『キメラ―満洲国の肖像（増補版）』（中央公論新社、二〇〇四年）
・養老孟司・竹村公太郎・神門善久「日本農業、本当の問題」（養老孟司・竹村公太郎『本質を見抜く力―環境・食料・エネルギー―』所収、ＰＨＰ研究所、二〇〇八年）
・神門善久「『電田プロジェクト』の大愚」（『新潮45』、二〇一一年十月号掲載）
・神門善久『さよならニッポン農業』（ＮＨＫ出版、二〇一〇年）
・神門善久「『食糧危機』はウソ　『自給率を上げよ』はまやかし」（『週刊新潮』、二〇〇八年十月九日号掲載）
・神門善久「何が食生活を乱したのか」（『世界』、二〇〇八年五月号掲載）
・Yoshihisa Godo and Daisuke Takahashi, "Evaluation of Japanese Agricultural Policy Reforms Under the WTO Agreement on Agriculture", paper presented to the 28th International Conference of Agricultural Economists at Foz do Iguaçu, Brazil, August, 2012
・神門善久「地域統合と日本農業」（浦田秀次郎・栗田匡相編『テキストブック　アジア地域経済統合』、勁草書房、二〇一二年）

神門善久　1962（昭和37）年島根県松江市生まれ。京都大学博士（農学）。明治学院大学経済学部教授。著書に、『日本の食と農』『さよならニッポン農業』など。

Ⓢ新潮新書

488

日本農業《にほんのうぎょう》への正《ただ》しい絶望法《ぜつぼうほう》

著　者　神門善久《ごうどよしひさ》

2012年9月20日　発行
2013年3月10日　14刷

発行者　佐藤隆信
発行所　株式会社新潮社
〒162-8711　東京都新宿区矢来町71番地
編集部(03)3266-5430　読者係(03)3266-5111
http://www.shinchosha.co.jp

印刷所　二光印刷株式会社
製本所　株式会社大進堂

ISBN978-4-10-610488-6　C0261